新版 メカトロニクスのための 電子回路基礎

大同大学名誉教授 工学博士
西 堀 賢 司 著

メカトロニクス教科書シリーズ

① 1

コロナ社

メカトロニクス教科書シリーズ編集委員会

委員長　安田仁彦　(名古屋大学名誉教授　工学博士)
　　　　　　　　　 愛知工業大学教授

　　　　末松良一　(名古屋大学名誉教授　工学博士)
　　　　　　　　　 豊田工業高等専門学校長

　　　　妹尾允史　(三 重 大 学 名 誉 教 授　工学博士)
　　　　　　　　　 鈴鹿国際大学副学長

　　　　高木章二　(豊橋技術科学大学教授　工学博士)

　　　　藤本英雄　(名古屋工業大学教授　工学博士)

　　　　武藤高義　(岐阜大学名誉教授　工学博士)

(五十音順，所属は 2006 年 1 月現在)

刊行のことば

　マイクロエレクトロニクスの出現によって，機械技術に電子技術の融合が可能となり，航空機，自動車，産業用ロボット，工作機械，ミシン，カメラなど多くの機械が知能化，システム化，統合化され，いわゆるメカトロニクス製品へと変貌している。メカトロニクス（Mechatronics）とは，このようなメカトロニクス製品の設計・製造の基礎をなす，新しい工学をいう。

　このシリーズは，メカトロニクスを体系的かつ平易に解説することを目的として企画された。

　メカトロニクスは発展途上の工学であるため，その学問体系をどう考えるか，メカトロニクスを学ぶためのカリキュラムはどうあるべきかについては必ずしも確立していない。本シリーズの企画にあたって，これらの問題について，メカトロニクスの各分野を専門とする編集委員の間で，長い間議論を重ねた。筆者の所属する名古屋大学の電子機械工学科において，現在のカリキュラムに落ちつくまで筆者自身も加わって進めてきた議論を，ここで別のメンバーの間で再現されるのを見るのは興味深かった。本シリーズは，ここで得られた結論に基づいて，しかも巻数が多くならないよう，各巻のテーマ・内容を厳選して構成された。

　本シリーズによって，メカトロニクスの基本技術からメカトロニクス製品の実際問題まで，メカトロニクスの主要な部分はカバーされているものと確信している。なおメカトロニクスのベースになる機械工学の部分は，必要に応じて機械系大学講義シリーズ（コロナ社刊）などで補っていただければ，メカトロニクスエンジニアとして必要事項がすべて網羅されると思う。

　メカトロニクスを基礎から学びたい電子機械・精密機械・機械関係の学生・技術者に，このシリーズをご愛読いただきたい。またメカトロニクスの教育に

たずさわる人にも，このシリーズが参考になれば幸いである．

　急速に発展をつづけているメカトロニクスの将来に対応して，このシリーズも発展させていきたいと考えている．各巻に関するご意見のほか，シリーズの構成に関してもご意見をお寄せいただくことをお願いしたい．

1992年7月

編集委員長　安　田　仁　彦

新版にあたって

　本書の初版第1刷は1993年7月の発行であり，それから22年の歳月が経過した。その間多くの方々に本書をご利用いただき，内容の刷新への後押しとなった。今回の新版にあたっては，ディジタルICの変遷とマイクロコンピュータの進歩を受けて見直しを行った。ディジタルICはTTLからCMOSへと移行し，入手が困難な部品も出てきた。マイクロコンピュータも高性能で低価格なワンチップマイコンが出現し，初心者にも優しい利用環境が生まれてきている。このため，CMOSおよびFET（電界効果トランジスタ）に関する記述を増やし，ワンチップマイコンArduinoが利用できることに努めた。一方，改訂作業を行う過程で技術が進歩しても基礎的な事項は大きく変わらないことが確認できた。

　本書の目的は電子部品の生きた使い方にある。新しい内容を追加し，必要と思われなくなった部分は削除した。その結果，ほとんど全編にわたって改訂を行ったが，最後の9章は割愛した。メカトロニクスに必要な電子回路を学ぼうとする人たちにとってこの新版が一層役立つことになれば幸いである。

2016年3月

西　堀　賢　司

まえがき

　メカトロニクス（mechatronics）は機械工学（メカニクス：mechanics）と電子工学（エレクトロニクス：electronics）の境界領域を扱う技術で，機械製品のエレクトロニクス化やコンピュータによる機械の知能（インテリジェント：intelligent）化，ロボットなどの制御技術に代表される。

　集積回路（IC）の出現により，現在では機械技術者が電気・電子工学に関する高度な知識と経験を必要としないで，高性能な電子装置を短期間に低価格で製作できる時代になった。またコンピュータの普及により，ハードウェアである機械にソフトウェアが組み込まれるようになったことは，機械技術者に大きな変革をもたらした。今後，機械系技術者がコンピュータを含めた電子技術を取り入れる必要性はますます増加するものと考えられる。

　以上のような背景から，今日ではディジタル IC を中心とする集積回路を用いた電子装置の設計・製作，コンピュータを組み込んで機械を知能化するためのインタフェースの設計・製作などは，機械・電子機械関係の学生・技術者が修得しておくべき基礎技術となっている。

　本書は，機械工学科の学生を対象に講義を行い，研究の過程で種々の回路を製作して得た経験を取り入れてまとめたものである。執筆にあたっては，特につぎの諸点に留意した。

（1）　機械・電子機械系の学生・技術者がメカトロニクス回路を学ぶ上で必要不可欠と考えられる内容に重点を置いた。

（2）　電子技術の基礎を実際に設計・製作する側にたって平易に解説した。

（3）　断片的な電子部品の知識だけでは生きた使い方を学ぶことはできないので，各部品を組み合わせた実用的回路を多く取り上げ，実践的な技術を

体得できるようにした。

（4） 基礎的な理解を深めるため図や例題を多く取り入れ，演習問題を加えた。

　本書は9章から構成されている。第1章では基本的な電子部品の基礎知識として，抵抗，コンデンサ，コイル，ダイオード，トランジスタの特性と使用法について概説している。

　第2章ではディジタル回路における数の表現として，2進数，16進数，BCDコードについて述べた。第3章ではディジタル回路の基礎として，論理回路を理解する上で基本的なことがらを説明した。第4章ではディジタルICの基礎として，実際に多く使われているTTLとC-MOSに関する基礎知識について述べた。第5章ではディジタル回路の応用として，フリップフロップやカウンタ，デコーダなど実用的なICや回路について説明している。

　第6章ではマイクロコンピュータの基礎知識として，マイコンの構成やバスの役割などについて述べた。第7章ではコンピュータと機械とのインタフェースとして，パラレル入出力インタフェースを中心に応用例を挙げて説明した。

　第8章ではアナログICの基礎として，オペアンプの特性および使用法を述べた。第9章では回路の動作を確認する測定器として，テスタとオシロスコープの使い方を概説した。

　本書をまとめるにあたって，多くの著書や資料を参考にさせていただいた。これらの著者に対し深く感謝の意を表します。また，本書の原稿に目を通していただき，有益なご指摘・ご助言を賜った大同工業大学の杉本利孝教授とトヨタ自動車(株)の黒須則明氏に心より感謝いたします。

　最後に，本書を出版する機会を与えていただいた名古屋大学の安田仁彦教授，ならびに刊行にあたってご尽力いただいた(株)コロナ社の関係各位に厚くお礼申し上げます。

1993年4月

西　堀　賢　司

目　　　次

1　電子部品の基礎知識

1.1　抵　　　抗 ……………………………………………………………… 1
　1.1.1　抵抗の特性 …………………………………………………………… 1
　1.1.2　抵抗器の種類 ………………………………………………………… 2
　1.1.3　抵抗の機能 …………………………………………………………… 6
1.2　コンデンサ ……………………………………………………………… 8
　1.2.1　コンデンサの特性 …………………………………………………… 8
　1.2.2　コンデンサの種類 ………………………………………………… 10
　1.2.3　コンデンサの機能 ………………………………………………… 13
1.3　インダクタ（コイル）………………………………………………… 14
1.4　ダ イ オ ー ド …………………………………………………………… 16
　1.4.1　一般ダイオード …………………………………………………… 17
　1.4.2　ツェナーダイオード ……………………………………………… 19
　1.4.3　発光ダイオード …………………………………………………… 20
1.5　トランジスタ ………………………………………………………… 22
　1.5.1　トランジスタの種類と回路記号 ………………………………… 22
　1.5.2　トランジスタの型名 ……………………………………………… 23
　1.5.3　トランジスタの基本特性 ………………………………………… 25
　1.5.4　トランジスタの機能 ……………………………………………… 28
1.6　FET（電界効果トランジスタ）……………………………………… 30
　1.6.1　接合形 FET ………………………………………………………… 31
　1.6.2　MOS 形 FET ……………………………………………………… 32
演習問題 ……………………………………………………………………… 35

2 ディジタル回路における数の表現

2.1 10進数と2進数 ……………………………………………………… 36
  2.1.1 数の表現と10進数 ……………………………………………… 36
  2.1.2 2 進 数 …………………………………………………………… 36
2.2 16 進 数 ………………………………………………………………… 38
  2.2.1 2進数から16進数へ …………………………………………… 38
  2.2.2 16進数の長所 …………………………………………………… 38
  2.2.3 10進数との変換 ………………………………………………… 39
2.3 BCDコード（2進化10進数）………………………………………… 40
  2.3.1 10進数とBCDコード ………………………………………… 40
  2.3.2 BCDコードの特徴 …………………………………………… 41
演 習 問 題 ……………………………………………………………………… 41

3 ディジタル回路の基礎

3.1 論理レベルと電圧 …………………………………………………… 42
3.2 基本ゲート回路 ……………………………………………………… 43
  3.2.1 AND, OR, NOT回路 ………………………………………… 43
  3.2.2 タイムチャート ………………………………………………… 44
3.3 MIL記号 ……………………………………………………………… 45
  3.3.1 MIL記号の基本 ……………………………………………… 45
  3.3.2 正論理と負論理 ………………………………………………… 46
3.4 NANDとNORゲート ……………………………………………… 47
  3.4.1 NANDゲート …………………………………………………… 47
  3.4.2 NORゲート …………………………………………………… 48
  3.4.3 論理記号の変換 ………………………………………………… 48
  3.4.4 NANDゲートと負論理 ……………………………………… 49

3.5　NANDゲートによる等価回路 ……………………………………… 50
3.6　ExORとExNORゲート …………………………………………… 51
演習問題 ………………………………………………………………………… 53

4　ディジタルICの基礎

4.1　ディジタルICの種類 …………………………………………………… 54
4.2　電源とグランド …………………………………………………………… 55
　4.2.1　電　　源 …………………………………………………………… 55
　4.2.2　グランド …………………………………………………………… 56
4.3　TTLの基礎 ……………………………………………………………… 58
　4.3.1　TTLの種類と型名 ……………………………………………… 58
　4.3.2　TTLの動作原理と使用法 ……………………………………… 59
　4.3.3　TTLレベルとノイズマージン ………………………………… 61
　4.3.4　TTLの入出力電流 ……………………………………………… 63
　4.3.5　ファンアウト ……………………………………………………… 65
　4.3.6　バッファ …………………………………………………………… 66
4.4　CMOS IC ………………………………………………………………… 67
　4.4.1　CMOSの種類 …………………………………………………… 68
　4.4.2　CMOSの動作原理と使用法 …………………………………… 69
　4.4.3　CMOSレベル …………………………………………………… 71
　4.4.4　CMOSの入出力電流 …………………………………………… 72
　4.4.5　プルアップとプルダウン ……………………………………… 72
　4.4.6　入力レベルの変換 ……………………………………………… 75
4.5　CMOSとTTLのインタフェース …………………………………… 75
　4.5.1　TTLによるCMOSの駆動 …………………………………… 76
　4.5.2　CMOSによるTTLの駆動 …………………………………… 77
4.6　ゲートICの特殊機能 …………………………………………………… 78
　4.6.1　オープンコレクタ・ドレイン出力 …………………………… 78

4.6.2 スリーステート出力	82
4.6.3 シュミットトリガ	84
演習問題	87

5　ディジタル回路の応用

5.1　フリップフロップ (FF)	89
5.1.1　RS フリップフロップ (RS-FF)	89
5.1.2　D フリップフロップ (D-FF)	92
5.1.3　JK フリップフロップ (JK-FF)	96
5.1.4　フリップフロップの変換	98
5.2　レジスタ	99
5.2.1　ラッチ	99
5.2.2　シフトレジスタ	101
5.3　カウンタ	104
5.3.1　バイナリカウンタ	104
5.3.2　10 進カウンタ	109
5.3.3　周波数の分周機能	112
5.3.4　イニシャルリセット信号	113
5.4　数字表示回路	114
5.4.1　7 セグメント LED 表示器	114
5.4.2　7 セグメントデコーダ/ドライバ	115
5.4.3　スタティックドライブ表示	117
5.4.4　ダイナミックドライブ表示	120
5.5　エンコーダとデコーダ	123
5.5.1　エンコーダ	123
5.5.2　デコーダ	127
5.6　マルチプレクサ	129
5.6.1　マルチプレクサの機能	129

5.6.2	マルチプレクサ IC	130
5.7	アナログスイッチ	130
5.7.1	アナログスイッチの特徴	130
5.7.2	アナログスイッチ IC	131
5.8	マルチバイブレータ	133
5.8.1	非安定マルチバイブレータ	133
5.8.2	単安定マルチバイブレータ	134
演習問題		138

6 マイクロコンピュータの基礎

6.1	マイコンの構成	140
6.1.1	基本構成	140
6.1.2	バスの役割	141
6.1.3	C P U	142
6.2	メ モ リ	143
6.2.1	メモリの種類	143
6.2.2	メモリ容量	144
6.2.3	メモリマップ	145
6.3	入出力ポート	147
6.3.1	I/O ポートのアドレス空間	147
6.3.2	パラレル入出力	148
6.3.3	シリアル入出力	149
演習問題		151

7 コンピュータと機械とのインタフェース

7.1	マイコン入出力	152
7.1.1	ワンボードマイコン Arduino	153

7.1.2 Arduino の入出力ピンと操作プログラム ……………………… 155
7.1.3 オープンドレイン出力と内蔵プルアップ …………………… 156
7.1.4 LED の点灯回路 ……………………………………………… 156
7.1.5 リレーの駆動 ………………………………………………… 158
7.1.6 アナログ入出力 ……………………………………………… 159
7.2 スイッチ入力 …………………………………………………… 161
7.2.1 プルアップとプルダウン …………………………………… 161
7.2.2 チャタリング防止 …………………………………………… 162
7.3 ステッピングモータの駆動 …………………………………… 163
7.3.1 ステッピングモータの特徴 ………………………………… 163
7.3.2 駆動原理と励磁方式 ………………………………………… 164
7.3.3 ステッピングモータの駆動回路 …………………………… 166
7.3.4 プログラムによる駆動 ……………………………………… 167
7.4 DC モータの PWM 制御 ………………………………………… 168
7.4.1 DC モータの等価回路 ……………………………………… 168
7.4.2 PWM 方式による駆動 ……………………………………… 168
7.4.3 コンピュータによる DC モータの制御 …………………… 169
7.4.4 H ブリッジ回路による正逆転 PWM 制御 ………………… 170
7.5 ホトカプラとホトインタラプタ ……………………………… 173
7.5.1 ホトカプラ …………………………………………………… 173
7.5.2 ホトインタラプタ …………………………………………… 174
演習問題 ……………………………………………………………… 177

8 アナログ IC の基礎

8.1 オペアンプの概要 ……………………………………………… 178
8.1.1 オペアンプとは ……………………………………………… 178
8.1.2 オペアンプの基本特性 ……………………………………… 180
8.2 オペアンプによる増幅回路 …………………………………… 181

8.2.1　反転増幅回路 ……………………………………………… 181
　　8.2.2　非反転増幅回路 ……………………………………………… 184
　　8.2.3　差動増幅回路 ………………………………………………… 185
　　8.2.4　ボルテージホロア …………………………………………… 187
　　8.2.5　オフセット調整 ……………………………………………… 187
8.3　オペアンプによる演算回路 …………………………………………… 188
　　8.3.1　コンパレータ ………………………………………………… 188
　　8.3.2　加 算 回 路 …………………………………………………… 190
　　8.3.3　電流-電圧変換 ………………………………………………… 190
演 習 問 題 …………………………………………………………………… 191

引用・参考文献 ……………………………………………………………… 192
演習問題の解答 ……………………………………………………………… 194
索　　　引 ………………………………………………………………… 202

MECHATRONICSMECHATRONICS

電子部品の基礎知識

基本的な電子部品としてエネルギー源をもたない抵抗，コンデンサ，インダクタ（コイル）は受動素子と呼ばれ，半導体のダイオードやトランジスタは能動素子と呼ばれる。これらの電子部品はアナログ回路，ディジタル回路ともになくてはならないものであり，集積度を増したマイクロコンピュータの周辺回路においても使用されるため，それぞれの特性と使用法に関する基礎知識を得ておくことが必要である。

1.1 抵　　　抗

抵抗（resistance）は電流の流れを制限するものである。抵抗を得るため使用する部品は特に**抵抗器**（resistor）と呼ばれる。

1.1.1 抵抗の特性
[1] オームの法則

図1.1のように抵抗 R〔Ω〕に電圧 V〔V〕を加えると，R に流れる電流 I〔A〕は，よく知られた**オームの法則**（Ohm's law）により次式で与えられる。

$$I=\frac{V}{R} \tag{1.1}$$

このとき抵抗器で消費される電力 P〔W〕は次式で求められる。

$$P=IV=I^2R \tag{1.2}$$

2　　1.　電子部品の基礎知識

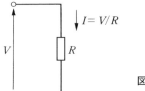

図1.1　オームの法則

例題 1.1　抵抗 $R=100\,\Omega$ に電圧 $V=5\,\text{V}$ を加えたとき，流れる電流 I と消費電力 P を求めよ．

解　答　流れる電流は $I=V/R=5/100=0.05\,\text{A}\,(=50\,\text{mA})$ であり，消費電力は $P=IV=0.05\times5=0.25\,\text{W}\,(=1/4\,\text{W})$ となる．

[2]　**交流に対する特性**

図1.2のように交流電圧 $v(t)=V\sin\omega t$ が抵抗 R に印加されると，抵抗を流れる電流 $i(t)$ は次式で表される．

$$i(t)=\frac{v(t)}{R}=\frac{V}{R}\sin\omega t \tag{1.3}$$

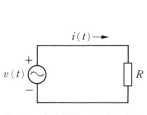
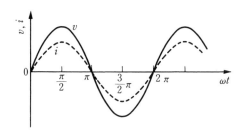

図1.2　交流回路における抵抗　　図1.3　抵抗における交流電圧と電流の位相関係

純抵抗を流れる電流 $i(t)$ と電圧 $v(t)$ の時間的な関係は**図 1.3** のようになる．すなわち，両者に**位相**（phase）の差はなく，**同相**（inphase）であるという．この性質を利用して，回路の電流の位相を抵抗の端子間電圧から調べることができる．

1.1.2　抵抗器の種類

電子回路に使用される抵抗器は，大別して**固定抵抗器**（fixed resistor）と**可変抵抗器**（variable resistor）であり，回路図における記号は**図 1.4** のように

1.1 抵　　　　抗　　3

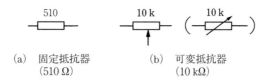

(a) 固定抵抗器　　(b) 可変抵抗器
　　(510 Ω)　　　　　(10 kΩ)

図1.4　抵抗器の記号

書かれる。図(a)は固定抵抗器，図(b)は可変抵抗器を示す。回路図では通常Ω（オーム）の単位を省くことが多い。

[1]　固定抵抗器とカラーコード

炭素皮膜抵抗器（carbon film resistor）はカーボン抵抗器ともいわれ，価格，性能面から一般用抵抗器の主流となっている。**炭素体抵抗器**（carbon solid resistor）は一般にソリッド抵抗器と呼ばれ，炭素粉と樹脂を混ぜて成形したもので，苛酷な条件下の使用にも強いが，特性は炭素皮膜抵抗器よりやや劣る。**金属皮膜抵抗器**（metal film resistor）は温度による抵抗値変化が少なく，高精度を要求される回路に使われる。

電子回路でよく用いられる抵抗器は1/4 W（または1/2 W）の炭素皮膜抵抗器であり，胴体に抵抗値が**カラーコード**（color code）で表示されている。このため抵抗を使いこなすには，ぜひともカラーコードを覚えておく必要がある。カラーコードの見方を**表1.1**に示す。有効数字と乗数を読みとれば抵抗値がわかる。通常使われる抵抗器はカラー帯が4本で，**許容差**（tolerance：精度）が ±5 % のものが多い。特に精度を要する場合は，金属皮膜型の精度が ±1 % のものが使われる。この場合はカラー帯は5本であり，4本のものより有効数字が1つ増す。

　例題1.2　図1.5に示す抵抗器のカラーコードから抵抗値を読みとれ。
　解　答　図(a)はカラー帯が4本で，第1，第2色帯から有効数字は15で乗数 $N=1$ であるから抵抗値は $15×10^1=150$ Ω（精度 ±5 %）である。図(b)はカラー帯が5本で，抵抗値は $470×10^2=47$ kΩ（精度 ±1 %）である。

抵抗値をカラーコードではなく，3桁の数字で表示したものもある。例えば"502 J" と書かれたものは，数字502が $50×10^2=5$ kΩ を示し，記号Jは精度

1. 電子部品の基礎知識

表 1.1 抵抗のカラーコード[†]

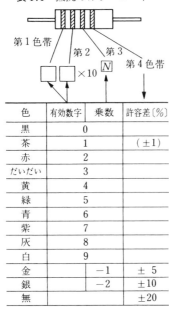

色	有効数字	乗数	許容差〔％〕
黒	0		
茶	1		(±1)
赤	2		
だいだい	3		
黄	4		
緑	5		
青	6		
紫	7		
灰	8		
白	9		
金		−1	±5
銀		−2	±10
無			±20

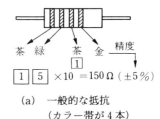

(a) 一般的な抵抗
（カラー帯が 4 本）

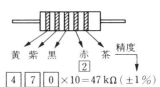

(b) 高精度抵抗
（カラー帯が 5 本）

図 1.5 抵抗カラーコードの例

が ±5 % であることを表す。

一般に入手しやすい抵抗値は**表 1.2** に示す **E24 系列**と呼ばれるもので，有効数字は許容差を考慮して等比級数的になっている。

表 1.2 抵抗値の種類

系列	抵抗値（×10^N Ω）						許容差
E6	1.0	1.5	2.2	3.3	4.7	6.8	±20%
E12	1.0	1.5	2.2	3.3	4.7	6.8	±10%
	1.2	1.8	2.7	3.9	5.6	8.2	
E24	1.0	1.5	2.2	3.3	4.7	6.8	±5%
	1.1	1.6	2.4	3.6	5.1	7.5	
	1.2	1.8	2.7	3.9	5.6	8.2	
	1.3	2.0	3.0	4.3	6.2	9.1	

[†] 暗記法の一例として「黒い礼服，茶の一杯，赤いニンジン，第三者，岸，みどり児（ご），青虫，紫式部，ハイヤー，ホワイトクリスマス」。

[2] 抵抗ネットワーク

1つのパッケージに複数の抵抗体を内蔵し，IC ピッチの端子をもつ部品は**抵抗ネットワーク**（network resistor）または**集合抵抗**と呼ばれ，くし形の SIP（single in-line package）形と IC タイプの DIP（dual in-line package）形がある。

図1.6 に抵抗ネットワークの例とその内部構造を示す。これらはプリント基板に実装しやすく，複数個の抵抗の特性をそろえたいときに利用される。これらの抵抗値はカラーコードではなく，3桁の数字で表示される。例えば "332 J" は，1つの抵抗値が $33 \times 10^2 = 3.3\,\mathrm{k\Omega}$（精度 ±5 %）を表す。またコモン（共通）端子はチップの表面に印が付けられる。

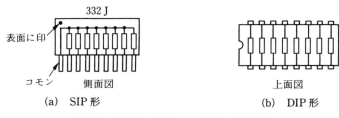

図1.6　抵抗ネットワークの例と内部構造

[3] 可変抵抗器

図1.7 に代表的な3端子形の可変抵抗器[†]を示す。端子1，3間の抵抗値が呼称値である。シャフトを時計回り（CW：clock wise）に回転させると，端子1，2間の抵抗値が 0Ω から規定の値まで連続的に可変となる。回転角に対する抵抗値の変化が直線的であり，10回転や20回転の多回転形でバーニアダイヤルを有するものもある。次項で述べるように電圧を分圧する目的で使われ

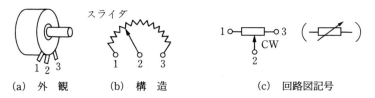

図1.7　可変抵抗器

[†] 俗にボリューム（volume）とも呼ばれる。

る可変抵抗器は、一般に**ポテンショメータ**（potentiometer）と呼ばれる。

図1.8に示す小型でプリント基板上で用いられるものは**トリマ**（trimmer）と呼ばれ、マイナスドライバなどで微調整される。また一度調整した後は接着剤などで固定されることもあり、**半固定抵抗器**（semifixed resistor）ともいう。半固定抵抗器を用いて微調整する場合は、全体の可変範囲をできるだけ狭くすべきである。

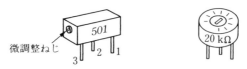

図1.8　プリント基板上で使われるトリマ各種

1.1.3　抵　抗　の　機　能

抵抗の2大機能は**電流制限**と**電圧の分割（分圧）**である。

[1]　合　成　抵　抗

(a)　**直　列　接　続**　抵抗を**図1.9**(a)のように直列に接続すると、**合成抵抗**（resultant resistance）の値 R はつぎのように各抵抗値の和となる。

$$R = R_1 + R_2 \tag{1.4}$$

(b)　**並　列　接　続**　抵抗を**図1.10**のように並列に接続すると、各抵抗の端子間電圧 V は同じで、各抵抗を流れる電流が分流される。それぞれの電流の値はオームの法則からつぎのようになる。

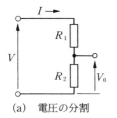
(a)　電圧の分割

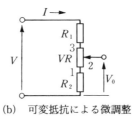
(b)　可変抵抗による微調整

図1.9　抵抗の直列接続

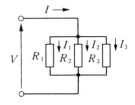

図1.10　抵抗の並列接続

$$I_1 = \frac{V}{R_1}, \qquad I_2 = \frac{V}{R_2}, \qquad I_3 = \frac{V}{R_3} \tag{1.5}$$

各電流の和が全電流 I となることから

$$I = I_1 + I_2 + I_3 \tag{1.6}$$

となり,これより合成抵抗 $R(=V/I)$ は次式で求められる。

$$\frac{1}{R} = \frac{1}{R_1} + \frac{1}{R_2} + \frac{1}{R_3} \tag{1.7}$$

すなわち,抵抗の並列接続では,合成抵抗の逆数は各抵抗値の逆数の和に等しい。

[2] **電圧の分割**

図 1.9(a) に示した抵抗の直列接続回路では,各抵抗に流れる電流 I は一定であり,オームの法則から各抵抗によって電圧が分割(**分圧**)される。抵抗 R_2 によって分圧される電圧 V_0 はつぎのようになる。

$$V_0 = \frac{R_2}{R_1 + R_2} V \tag{1.8}$$

この分圧電圧 V_0 を微調整したい場合は,図 1.9(b) のように可変抵抗を入れる。この接続では,可変抵抗のシャフトを右に回すと電圧 V_0 は増加する。

例題 1.3 基準電圧 $10.0\,\mathrm{V}$ をつくるため,図 1.9(b) に示した可変抵抗による方法を用いる場合,電圧 V_0 の可変となる範囲を求めよ。ただし電源電圧は $V = 15\,\mathrm{V}$,固定抵抗は $R_1 = 4.7\,\mathrm{k\Omega}$,$R_2 = 10\,\mathrm{k\Omega}$,可変抵抗は $VR = 1\,\mathrm{k\Omega}$ である。

解 答 電圧 V_0 の最大値は

$$V_{0(\max)} = \frac{VR + R_2}{R_1 + VR + R_2} V = \frac{11}{15.7} \times 15 = 10.5\,\mathrm{V}$$

となり,最小値は

$$V_{0(\min)} = \frac{R_2}{R_1 + VR + R_2} V = \frac{10}{15.7} \times 15 = 9.6\,\mathrm{V}$$

となる。したがって,可変範囲は $V_0 = 9.6 \sim 10.5\,\mathrm{V}$ となる。

1.2 コンデンサ

コンデンサ（condenser）は**電荷**（charge）を蓄える性質をもつ素子であり，抵抗とともに電子回路において重要な役割をもつ。

1.2.1 コンデンサの特性
[1] 静電容量

コンデンサの端子に直流電圧 V を加えると，コンデンサに蓄積される電荷量 Q〔C：クーロン〕は次式で与えられる。

$$Q = CV \tag{1.9}$$

ここで C はコンデンサの**静電容量**（electrostatic capacity）で，単位は F（Farad：ファラッド）である。実際の使用では μF（マイクロファラッド），pF（ピコファラッド）の単位がよく使われ，回路図では F を省略することが多い。単位の関係はつぎのようである。

$$1\,\mu\text{F} = 10^{-6}\,\text{F}, \qquad 1\,\text{pF} = 10^{-6}\,\mu\text{F} = 10^{-12}\,\text{F} \tag{1.10}$$

[2] コンデンサの合成容量

（a） **直 列 接 続**　図 1.11(a) に示すように静電容量 C_1, C_2, C_3 のコンデンサを直列接続した場合の合成容量 C を考える。各コンデンサに蓄積される電荷量 Q は静電誘導作用により等しくなるため，各コンデンサの端子間電圧は

$$V_1 = \frac{Q}{C_1}, \qquad V_2 = \frac{Q}{C_2}, \qquad V_3 = \frac{Q}{C_3} \tag{1.11}$$

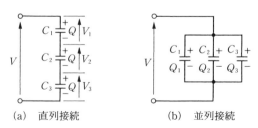

(a) 直列接続　　　　(b) 並列接続

図 1.11　コンデンサの合成容量

となる。全体の電圧 $V=V_1+V_2+V_3$ に式(1.11)を代入すると

$$V=\left(\frac{1}{C_1}+\frac{1}{C_2}+\frac{1}{C_3}\right)Q \tag{1.12}$$

であり，合成容量 C に対して $Q=CV$ の関係から次式を得る。

$$\frac{1}{C}=\frac{1}{C_1}+\frac{1}{C_2}+\frac{1}{C_3} \tag{1.13}$$

(b) **並列接続** 図1.11(b)に示すようにコンデンサを並列接続すると，各コンデンサの端子間電圧 V は等しいが，それぞれの電荷量は

$$Q_1=C_1V, \qquad Q_2=C_2V, \qquad Q_3=C_3V \tag{1.14}$$

となる。全体の電荷量 Q は

$$Q=Q_1+Q_2+Q_3=(C_1+C_2+C_3)V \tag{1.15}$$

であるから，合成容量 C は次式で得られる。

$$C=\frac{Q}{V}=C_1+C_2+C_3 \tag{1.16}$$

このように，コンデンサの直列と並列の接続による合成容量の関係式は，抵抗の合成の場合とは逆になる。

[3] **交流に対する特性**

例題1.4 図1.12(a)に示すように，コンデンサに交流電圧 $v(t)=V\sin\omega t$ を印加したとき，電流 $i(t)$ と印加電圧 $v(t)$ の関係を図で示せ。

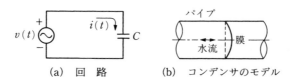

(a) 回路　　(b) コンデンサのモデル

図1.12 交流回路におけるコンデンサ

解答 コンデンサの電荷量 $Q(t)$ は

$$Q(t)=Cv(t)=CV\sin\omega t \tag{1.17}$$

となることから，流れる電流 $i(t)$ は次式で与えられる。

$$i(t)=\frac{dQ}{dt}=\omega CV\cos\omega t=\omega CV\sin\left(\omega t+\frac{\pi}{2}\right) \tag{1.18}$$

これより電流 $i(t)$ は印加電圧 $v(t)$ より $\pi/2(90°)$ だけ位相が進むことがわかる。時

10 　　1. 電子部品の基礎知識

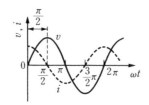

図1.13 コンデンサにおける交流電圧と電流の位相関係

間的な関係を図示すると**図1.13**のようになる。

電流 $i(t)$ と電圧 $v(t)$ の**実効値**をそれぞれ I_rms, V_rms とすると，式(1.18)は次式で書き換えられる。

$$I_\mathrm{rms} = \frac{V_\mathrm{rms}}{X_c} \tag{1.19}$$

ここで

$$X_c = \frac{1}{\omega C} = \frac{1}{2\pi f C} \ [\Omega] \tag{1.20}$$

は**容量リアクタンス**（capacitive reactance）と呼ばれ，コンデンサが交流電流に対して示す抵抗に相当する。X_c の値は周波数 f が高くなるほど小さくなることから，コンデンサは直流を通さないが，交流はよく通すことがわかる。

コンデンサは，図1.12(b)に示すようにパイプ内の脈動流（電流）により水圧（電圧）を伝える膜にたとえると理解しやすい。

1.2.2　コンデンサの種類

[1]　**コンデンサの分類**

代表的なコンデンサを分類すると，つぎのようになる。

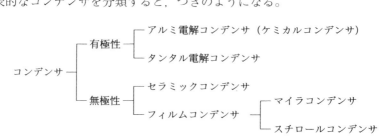

アルミ電解コンデンサ（aluminum electrolytic condenser）とタンタル（tantalum）電解コンデンサには極性（プラスとマイナス）があるが，セラミックコンデンサやフィルムコンデンサにはない。アルミ電解コンデンサは単に電解コンデンサとも呼ばれるほど一般的で安価であり，小型で大容量であるため，電源平滑用をはじめ広く使われている。しかし，漏れ電流が大きく高周波特性は良くない。時定数回路など高性能を要求する場合はタンタル電解コンデンサが用いられる。

セラミックコンデンサ（ceramic condenser）はセラミックスを誘導体にしたもので，安価で高周波のバイパス用やノイズ防止などに広く使われる。温度による容量の変化が大きく，数十％も変わることがあるので，容量の精度を必要としないところでのみ使用される。

フィルムコンデンサ（film condenser）は絶縁フィルムを電極箔ではさんで巻いたもので，コンデンサとしての性能に優れている。ポリエステル（polyester）フィルムを用いたものはマイラ（Mylar）コンデンサと呼ばれ，広く使われている。ポリスチロール（polystyrol）フィルムを用いたスチロールコンデンサは温度変化が非常に少ないので，時定数回路など精度が必要な場合に用いられる。

[2] コンデンサの表示の見方

図1.14に代表的なコンデンサとその表示の見方を示す。図(a)のアルミ電解コンデンサは外形が比較的大きいので，静電容量値がμFの単位で直接印刷されている。極性の区別のため，マイナス($-$)の表示が印刷されており，直流電圧の高いほうにプラス側を接続する。プラスとマイナスを逆に接続すると，電解コンデンサは破損するので注意が必要である。回路図の記号ではプラスの極性が示される。耐圧（耐電圧）は使用する電圧の2～3倍に選ぶ。

図(b)のセラミックコンデンサや図(c)，(d)のフイルムコンデンサは小容量のものが多く，容量値はカラーコード表示でない抵抗と同様に3桁の数字で表される。単位はpFである。これらのコンデンサには極性の区別はない。表1.3は記号による容量の許容差（精度）を表す。

12   1. 電子部品の基礎知識

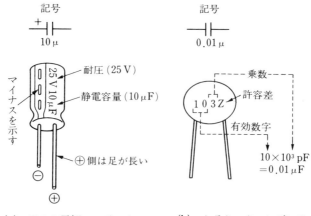

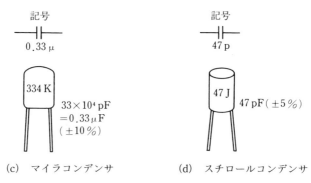

図1.14　代表的なコンデンサと表示の見方

表1.3　コンデンサの容量許容差（一部）

記号	F	G	J	K	M	N	Z
許容差〔%〕	±1	±2	±5	±10	±20	±30	+80 −20

例題 1.5　図1.14(b), (d)のコンデンサの静電容量と許容差を示せ。

解　答　上位2桁が有効数字で，3桁目が乗数を表している。図(b)の「103Z」は容量が$10\times10^3=10^4$ pF$=0.01\,\mu$F であり，記号Zは表1.3から許容差 +80 %～−20 %を示す。静電容量が100 pF未満のコンデンサでは容量値をそのままの数値で表すので，図(d)の「47 J」は，47 pF（±5 %）を示す。

1.2.3 コンデンサの機能

[1] 一時的な充電器

電荷を蓄えるコンデンサ C と電流を制限する抵抗 R で図 1.15(a)のように構成される回路は **RC 積分回路** と呼ばれる。図(b)は積分回路の **パルス**（pulse）入力に対する応答の概略を示す。

(a) 回 路　　　　　　(b) 動 作

図 1.15　RC 積分回路

図 1.16(a), (b)は RC 積分回路の **ステップ**（step）入力電圧 V の **立上り** と **立下り** に対する出力電圧の変化を示す。図(a)に示すステップ入力の立上り信号に対する出力電圧 $V_u(t)$ は次式で表される。

$$V_u(t) = V(1 - e^{-\frac{t}{\tau}}) \tag{1.21}$$

ここで τ は **時定数**（time constant）で

$$\tau = RC \tag{1.22}$$

である。抵抗 R の単位を〔Ω〕，コンデンサ C の単位を〔F〕とすると，時定数 τ の単位は〔s〕であり，この τ の値は図 1.16(a)において出力電圧 $V_u(t)$ がステップ入力電圧 V の 63.2 %（$1-e^{-1}=1-1/2.72=0.632$）に達するまで

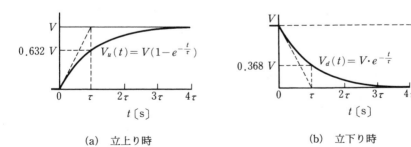

(a) 立上り時　　　　　　(b) 立下り時

図 1.16　積分回路のステップ入力応答

14   1. 電子部品の基礎知識

の時間となる。

一方,ステップ状の立下り信号に対する出力電圧 $V_d(t)$ は次式で表される。

$$V_d(t) = V \cdot e^{-\frac{t}{\tau}} \tag{1.23}$$

図 1.16(b) において時定数 τ 後の出力電圧 $V_d(t)$ は,立下る前の電圧 V の 36.8 %に低下する。

このため RC 積分回路は時間幅の狭いパルスを吸収するなど,高周波成分を通過させない**ローパスフィルタ**(low-pass filter)の機能をもつ。

例題 1.6 図 1.15(a) に示した積分回路で抵抗 $R=20\,\text{k}\Omega$,コンデンサ $C=1\,\mu\text{F}$ のとき,時定数 τ を求めよ。

解 答 式 (1.22) より

$\tau = RC = 20 \times 10^3 \times 10^{-6} = 2 \times 10^{-2}\,\text{s} = 20\,\text{ms}$ となる。

[2] 交流成分の除去

コンデンサは直流成分を通さず,交流成分だけ通す性質を利用して,直流回路内の高周波の交流成分をアースに落として除去することができる。このような目的のコンデンサは**バイパスコンデンサ**(by-pass condenser),略して**パスコン**と呼ばれ,ノイズ防止用にも使われる。この場合,コンデンサの容量と精度に関しては重要性をもたない。

1.3 インダクタ(コイル)

導線を巻いたコイルに電流を流すと磁束が発生する。この性質をコイルの**インダクタンス**(inductance)という。このためコイルは**インダクタ**(inductor)ともいわれる。

[1] インダクタンスの特性

図 1.17 において電流 i を流すと

$$\phi = L \cdot i \tag{1.24}$$

の磁束 ϕ〔Wb〕が発生する。ここで L はコイルのインダクタンスで,単位は H

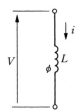

図1.17 コイルにおける電圧と電流

(Henry：**ヘンリー**)であり，電子回路では mH の単位がよく使われる。

磁束 ϕ が変化すると，電磁誘導作用によって誘導起電力

$$V = \frac{d\phi}{dt} = L\frac{di}{dt} \tag{1.25}$$

が発生する。この電圧 V〔V〕はコイルに流れる電流の変化を妨げる方向に生じるため，**逆起電力**ともいわれる。コイルに流れていた電流を急に止めると ($di/dt<0$)，大きな逆起電力 $V(<0)$ が生じて障害となることがある。後述するように，リレーのコイルに並列にダイオードをつなぐのは，この逆起電力を逃がすためである。

[2] **交流に対する特性**

例題 1.7 図 1.18(a)に示すように，インダクタンス L のコイルに交流電圧 $v(t) = V\sin\omega t$ を印加したとき，電流 $i(t)$ と印加電圧 $v(t)$ の関係を図で示せ。

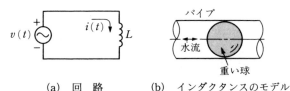

(a) 回　路　　　(b) インダクタンスのモデル

図1.18 交流回路におけるインダクタンス

解　答　交流電圧 $v(t) = V\sin\omega t$ を印加すると，コイルを流れる電流 $i(t)$ は式(1.25)からつぎのようになる。

$$i(t) = \frac{1}{L}\int v(t)\,dt = -\frac{V}{\omega L}\cos\omega t = \frac{V}{\omega L}\sin\left(\omega t - \frac{\pi}{2}\right) \tag{1.26}$$

これより電流 $i(t)$ は電圧 $v(t)$ より $\pi/2 (90°)$ 位相が遅れることがわかる。時間的な関係を図示すると**図 1.19** のようになる。

16   1. 電子部品の基礎知識

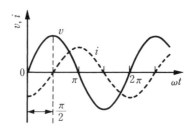

図 1.19 インダクタンスにおける交流電圧と電流の位相関係

式(1.26)は，電流 $i(t)$ と電圧 $v(t)$ の実効値をそれぞれ I_{rms}，V_{rms} とすると，次式で書き換えられる。

$$I_{\text{rms}} = \frac{V_{\text{rms}}}{X_L} \tag{1.27}$$

ここで

$$X_L = \omega L = 2\pi f L \ [\Omega] \tag{1.28}$$

は**誘導リアクタンス**（inductive reactance）と呼ばれ，コイルが交流電流に対して示す抵抗に相当する。X_L の値は周波数 f が高くなるほど大きくなることから，コイル（インダクタ）では周波数の高い交流は通りにくいことがわかる。

インダクタは，図1.18(b)のようにパイプ内で水圧（電圧）により水流（電流）とともに動く重い（慣性力が大きい）球にたとえると理解しやすい。

またインダクタは交流に対する電圧と電流の位相差を利用して，コンデンサとともに共振回路を作る素子でもあるが，これに関する説明は他書に譲る。

1.4 ダイオード

半導体（semiconductor）素子のなかで最も簡単なものが**ダイオード**（diode）である。ダイオードはその用途によって，一般ダイオード，ツェナーダイオード，発光ダイオード（LED）などに分けられる。

1.4.1 一般ダイオード
[1] 構造と電気的特性

図1.20は通常使用されることの多い**pn接合形ダイオード**の構造モデルを示す。これはp形半導体とn形半導体を接合したものであり、p形半導体のほうに高い電圧（順方向バイアス）をかけると、p形ではホール（hole：正孔）が、n形では自由電子が接合面を越えて移動するため、**アノード**（anode：陽極）から**カソード**（cathode：陰極、kathodeともつづる）に向かって**順方向電流**（forward current）I_Fが流れる。カソードは通常Kで表す。ここで電子の流れは電流の方向と逆になる。電流が流れるようにかける電圧を**順方向電圧**（forward voltage）V_Fといい、逆に電圧をかけても電流は逆方向にはほとんど流れない。これをダイオードの**整流作用**という。

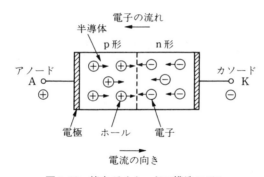

図1.20　接合ダイオードの構造モデル

図1.21はpn接合形Si（シリコン）ダイオードの電圧-電流特性を示す。順方向電圧Vを上げていき、ある電圧$V_{th}≒0.7\,V$を超えると急激に電流Iが流れる。このような境目となる電圧を**スレッショルド電圧**（threshold voltage：

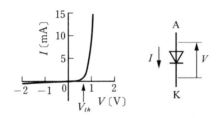

図1.21　ダイオードの電圧-電流特性

しきい値電圧）という。

[2] **外観と回路記号**

一般的なダイオードの外観と回路記号を**図 1.22** に示す。ダイオードは記号において矢印で示される順方向にのみ電流がよく流れるが，逆方向にはほとんど流れない。ダイオードのカソードとアノードを見分ける目印はカソード側につけられた帯状のマークである。ダイオードをはじめ半導体は熱に弱いため，半田付けなどにおいて必要以上に長時間加熱してはならない。

ダイオードの型名は，日本で登録されたものは一般に 1S1588 のように頭に"1S"が付けられている。その他に，メーカが独自に命名したものがある。

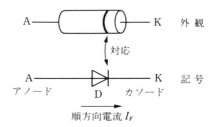

図 1.22　ダイオードの外観と回路記号

[3] **ダイオードのブリッジ接続**

ダイオードは一方向のみ電流を通すことから，交流を直流に変える**整流回路**（rectifying circuit）において**図 1.23**(a)のようなダイオードの**ブリッジ接続**（bridge connection）が使われる。

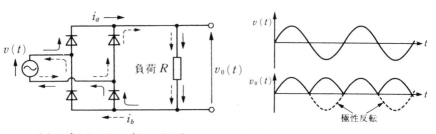

(a)　ダイオードのブリッジ回路　　(b)　交流電圧 $v(t)$ と全波整流波形 $v_0(t)$

図 1.23　ダイオードによる全波整流

1.4 ダイオード

例題 1.8 図 1.23(a) の回路に交流電圧 $v(t)$ をかけたとき，電流の流れる方向を示せ．また，負荷 R の両端にかかる出力電圧 $v_0(t)$ の波形の概略を描け．

解答 交流電圧 $v(t)$ の上側が正の電圧のときは実線のように電流 i_a が流れ，逆に $v(t)$ の下側が正の電圧のときは破線のように電流 i_b が流れる．ともに負荷 R には一方向のみの電流が流れ，出力電圧 $v_0(t)$ は**全波整流**（full-wave rectification）されて図 1.23(b) のようになる．

ダイオードブリッジは，**図 1.24** のように一つのパッケージにしたものが市販されており，**整流ブリッジ**とも呼ばれる．

(a) パッケージの一例
　　（上面図）

(b) 内部構成

図 1.24　ダイオードブリッジ

1.4.2 ツェナーダイオード

図 1.25 に**ツェナーダイオード**（Zener diode）の外観と回路記号を示す．外観は一般ダイオードと同様である．ツェナーダイオードは一定の定電圧を取り出す素子のため，**定電圧ダイオード**（voltage-regulator diode）とも呼ばれる．これは逆方向の降下電圧の特性を利用したものである．

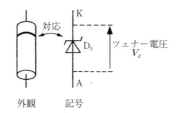

図 1.25　ツェナーダイオードの外観と回路記号

図1.26にツェナーダイオードの電圧-電流特性の例を示す。ダイオードに逆方向の電圧 V（＜0）を加えていくと，ある電圧で電流 I（＜0）が急激に流れる。この現象を**ツェナー降伏**（Zener breakdown）といい，降伏が起こる電圧 V_z を**ツェナー電圧**または**降伏電圧**（breakdown voltage）という。このツェナー降伏の状態では，電流 I の値に関わらず電圧はほぼ一定となる定電圧特性を示す。

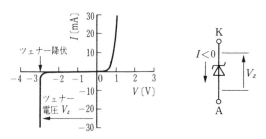

図1.26　ツェナーダイオードの電圧-電流特性

図1.27にツェナーダイオードによる定電圧の例を示す。入力信号はツェナー電圧 V_z 以上がカットされ，出力電圧は一定となる。このように信号波形をある設定値以上または以下でカットする操作を**クリップ**（clip）という。

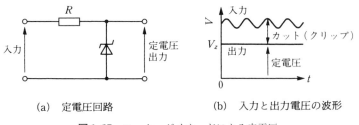

(a) 定電圧回路　　　　　(b) 入力と出力電圧の波形

図1.27　ツェナーダイオードによる定電圧

1.4.3　発光ダイオード

発光ダイオード（LED：light emitting diode）は，わずかな電流により発光するので，表示用や信号用の光源として広く利用されている。図1.28に一般的なLEDの外観と回路記号を示す。

1.4 ダイオード

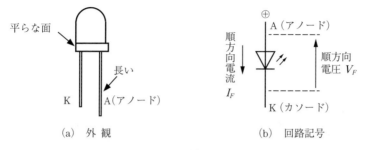

(a) 外観　　　　　　(b) 回路記号

図 1.28　LED の外観と回路記号

図 1.29 は LED の電圧-電流特性曲線を示す。LED の光出力は順方向電流 I_F に依存し，一般に順方向電圧 $V_F \fallingdotseq 2\,\mathrm{V}$ で順方向電流 $I_F = 10\,\mathrm{mA}$ 程度が流れ，発光する。通常の LED は 20 mA 以上の電流を流すと焼損するため，図 1.30 に示すように**電流制限抵抗** R をつけて $I_F = 10\,\mathrm{mA}$ 程度となるようにする。

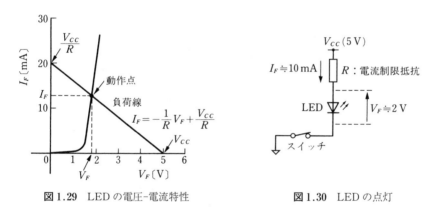

図 1.29　LED の電圧-電流特性　　　　図 1.30　LED の点灯

例題 1.9　図 1.30 の回路で電源電圧 $V_{cc} = 5\,\mathrm{V}$ のとき，LED を点灯させるに適当な抵抗 R の値を求めよ。

解答　抵抗 R には電圧 $V_{cc} - V_F$ で電流 $I_F = 10\,\mathrm{mA}$ を流すことから，オームの法則により

$$R = \frac{V_{cc} - V_F}{I_F} \fallingdotseq \frac{(5-2)\,\mathrm{V}}{10\,\mathrm{mA}} = \frac{3\,\mathrm{V}}{0.01\,\mathrm{A}} = 300\,\Omega \tag{1.29}$$

が得られる。この前後の $R = 220 \sim 510\,\Omega$ でもよい。

以上の関係は，図 1.29 に示した LED の電圧-電流特性曲線と**負荷線**（load line）

の重ね合わせからも明らかになる。負荷線は式(1.29)を変形して次式で表される。

$$I_F = -\frac{1}{R}V_F + \frac{V_{CC}}{R} \tag{1.30}$$

電圧-電流特性曲線と負荷線が交わる**動作点**（operating point）の電流 I_F が LED 駆動電流となる。

1.5 トランジスタ

トランジスタ（transistor）はダイオードとともに代表的な半導体素子であり，ディジタル回路においても使用されることが多い。

1.5.1 トランジスタの種類と回路記号

図 1.31 および図 1.32 にトランジスタ 2 種類の構造と回路記号を示す。電子とホールの 2 種類をキャリアとしてもつことから，厳密には**バイポーラ・トランジスタ**（bipolar transistor）と呼ばれる。トランジスタの 3 つの電極は，**コレクタ**（collector），**ベース**（base），**エミッタ**（emitter）と呼び，それぞれ頭文字をとって **C**，**B**，**E** で表す。矢印のついた電極がエミッタで，矢印の方向に電流が流れることを示す。この電流の流れる方向の違いで **npn 形**と **pnp 形トランジスタ**の 2 種類に分かれる。

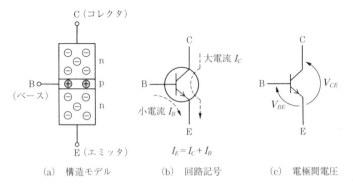

図 1.31　npn 形トランジスタ（2SC, 2SD）の構造と回路記号

1.5 トランジスタ   23

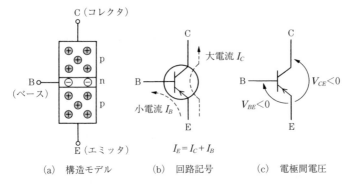

(a) 構造モデル　　(b) 回路記号　　(c) 電極間電圧

図1.32 pnp形トランジスタ（2SA, 2SB）の構造と回路記号

 npn形（図1.31）では，B（ベース）からE（エミッタ）に向けて小さなベース電流I_Bを流すと，その数十～数百倍の大きなコレクタ電流I_CがC（コレクタ）からE（エミッタ）へ流れる。

 pnp形ではnpn形に対して電流の方向および電圧のかけ方が逆になる。このため，入力信号の極性によってnpn形とpnp形が使い分けられるが，どちらも原理的には同じである。ディジタル回路ではnpn形がよく用いられる。

 なお，回路図でトランジスタの記号を書くとき，周囲の円は省略してもよい。円はパッケージを表すため，IC内部のトランジスタでは省かれる。

1.5.2 トランジスタの型名

[1] **型名の命名法**

 トランジスタやダイオードなどの型名は，日本ではつぎのように命名されている。例をあげて説明すると

$$（例）\quad \underset{第1項}{2}\quad \underset{第2項}{S}\quad \underset{第3項}{C}\quad \underset{第4項}{1815}\quad \underset{第5項}{}$$

第1項：半導体素子の種別。原則として（電極数－1）の数字で，
　　　　通常トランジスタは2，ダイオードは1。
第2項：semiconductor（半導体）を示す。
第3項：用途・型を示す。**表1.4**にトランジスタと後述するFETの分類を

示す。"C" は npn 形トランジスタの高周波用を表す。高周波用は動作速度の速いもの，低周波用はパワーが比較的大きいものである。

第4項：登録番号。

第5項：原形は無記号で，一般に改良や変更によりA，B，C……となる。

表1.4　トランジスタとFETの分類

(a)　トランジスタ

トランジスタ	高周波用	低周波用
pnp 形	A	B
npn 形	C	D

(b)　FET

FET	記号
p チャネル形	J
n チャネル形	K

ただし，製品の表示には第1項と第2項が省略されて，2SC1815は"C1815"のように書かれる。

[2]　**外観とピン配置**

図1.33(a)～(c)に代表的なトランジスタの外観とピン配置を示す。図(a)は小信号用として最も一般的なエポキシ樹脂製の**モールド**（molded）**タイプ**である。このタイプの多くは書かれた型名に向かって左からE（エミッタ），C（コレクタ），B（ベース），すなわちECBの順になっている。

図(b)は比較的大きな電流を扱う電力用で，**パワートランジスタ**（power transistor）と呼ばれる。モールドタイプであるが，放熱器を取り付けるねじ用の孔がフランジに開けられている。この種の多くは，書かれた型名に向かっ

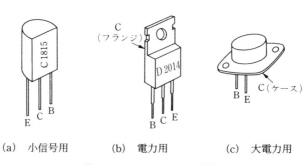

(a)　小信号用　　(b)　電力用　　(c)　大電力用

図1.33　トランジスタの外観

て左からBCEの順になっており、フランジはおもにコレクタにつなげられている。

図(c)は**メタルシール**（metal seal）タイプの大電力用パワートランジスタである。コレクタ端子はなく、金属容器全体がコレクタとなっている。3つの電極の識別については、メーカの資料などの外形図で確認する必要がある。

1.5.3　トランジスタの基本特性

ディジタル回路でよく使われるトランジスタはnpn形であり、以下にnpn形を例に説明する。

[1]　電圧-電流特性

図1.34はトランジスタの基本特性である**静特性**（直流特性）を調べるため、エミッタ接地でコレクタに負荷抵抗R_Cを接続した回路を示す。この回路のベース・エミッタ間電圧V_{BE}に対するコレクタ電流I_Cの変化は**図1.35**のようになる。すなわち、V_{BE}を0Vから増加させると、$V_{BE}≒0.7$Vでコレクタ電流I_Cは急激に流れ始め、わずかなV_{BE}の増加に対してI_Cは大きく増加する。逆の見方をすれば、コレクタ電流I_Cが大きく増加しても、ベース・エミッタ間電圧V_{BE}はほぼ0.7Vで一定となる。

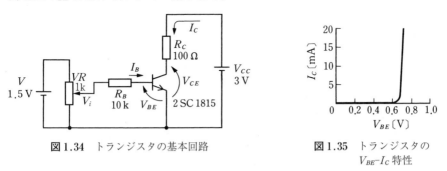

図1.34　トランジスタの基本回路　　図1.35　トランジスタのV_{BE}-I_C特性

図1.36は図1.34における可変抵抗VRの回転角に対する各部電圧と電流の変化を示す。VRを回して入力電圧V_iを増すと、$V_i(=V_{BE})<0.7$Vではコレクタ電流は流れず$I_C=0$mAである。この状態を**遮断状態**（cut-off state）という。

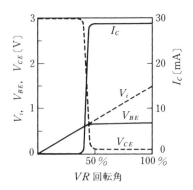

図1.36 VR回転角に対する電圧，電流値の変化[2]

V_{BE} が約 0.7 V に達するとコレクタ電流 I_C は急激に増大し，この結果 R_C による電圧降下でコレクタ・エミッタ間電圧 V_{CE} は小さくなる．しかし，$V_{CE} \fallingdotseq 0.2$ V まで下がると，I_C はそれ以上増加せず，電源電圧 V_{CC} と外部抵抗 R_C によって規定される一定の値 $I_{CS} \fallingdotseq V_{CC}/R_C$ となる．これを**コレクタ飽和電流**（collector saturation current）といい，このようなトランジスタの状態を**飽和状態**（saturation state）という．この状態では，入力電圧 V_i は VR の回転角に比例して増加するが，V_{BE} は約 0.7 V で飽和する．これを**ベース・エミッタ飽和電圧**といい $V_{BE(sat)}$ で表す．また飽和状態におけるコレクタ・エミッタ間電圧を**コレクタ・エミッタ飽和電圧**といい $V_{CE(sat)}$ で表す．一般にシリコントランジスタでは

$$V_{BE(sat)} \fallingdotseq 0.7\text{V}, \qquad V_{CE(sat)} \fallingdotseq 0.1 \sim 0.2 \text{ V}$$

であり，これらはトランジスタの重要な電気的特性である．

［2］ 特性曲線と負荷線

図 1.37 はエミッタ接地トランジスタの静特性で，ベース電流 I_B をパラメータにしたコレクタ・エミッタ間電圧 V_{CE} とコレクタ電流 I_C の関係を示す．横軸と $I_B=0$ mA の部分は，コレクタ電圧 V_{CE} が増加してもコレクタ電流 I_C はほとんど流れない領域で，**遮断領域**（cut-off region）と呼ばれる．縦軸と特性曲線の部分は，コレクタ電圧 V_{CE} が小さくてもコレクタ電流 I_C が流れる領域で，**飽和領域**（saturation region）という．両者の間のベース電流によってコ

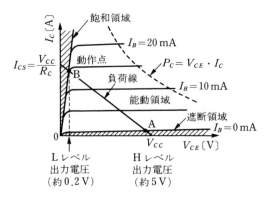

図1.37 エミッタ接地トランジスタの静特性

レクタ電流が決定される領域は**能動領域**(active region)と呼ばれる。

図1.34においてコレクタ・エミッタ間電圧 V_{CE} とコレクタ電流 I_C の関係は次式となる。

$$V_{CE} = V_{CC} - R_C \cdot I_C \tag{1.31}$$

これより負荷線は次式で表される。

$$I_C = -\frac{1}{R_C} V_{CE} + \frac{V_{CC}}{R_C} \tag{1.32}$$

これは横軸の切片が $V_{CE} = V_{CC}$, 縦軸の切片が $I_C = V_{CC}/R_C$ の直線であり,図1.37に重ねてある。この負荷線と電圧-電流特性曲線が交わる動作点の電流がコレクタ電流 I_C となる。

[3] 最大定格

トランジスタなど半導体部品の使用にあたっては,**最大定格**(maximum rating)に注意しなければならない。これは電圧, 電流, 電力損失など超えてはならない最大許容値であり,**表1.5**に例としてトランジスタ 2SC1815 の最

表1.5 トランジスタの最大定格 (2SC1815)

項　目	記　号	最大値
コレクタ・エミッタ間電圧	V_{CE}	50V
コレクタ電流	I_C	150mA
コレクタ損失	P_C	400mW

大定格を示す。最大コレクタ損失 P_C は $P_C = V_{CE} \cdot I_C$ 〔W〕の上限である。トランジスタの選択では，最大定格が実際にかかる電圧，電流の2～3倍程度のものを選定する。

1.5.4 トランジスタの機能

トランジスタの機能は，大きく分けると**増幅作用**と**スイッチング作用**の2つになる。

［1］増幅作用

トランジスタを**図1.38**に示すように増幅回路として用いる場合，図1.37で示したエミッタ接地の特性曲線において能動領域で使用することになる。この領域では**コレクタ電流** I_C が**ベース電流** I_B の変化に対応して変化する。

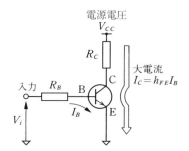

図1.38　トランジスタの増幅作用

図1.38の回路で入力に0.7V以上の電圧 V_i をかけると，ベース電流 I_B がベースからエミッタへ流れる。このときコレクタ側に電圧をかけておくと〔これを**バイアス**（bias）という〕，小さなベース電流 I_B が引き金となって大きなコレクタ電流 I_C がコレクタからエミッタへ流れる。ここでエミッタ電流 I_E は $I_E = I_C + I_B$ であるが，$I_C \gg I_B$ のため，$I_E \fallingdotseq I_C$ である。

ベース電流 I_B に対するコレクタ電流 I_C の比 I_C/I_B を**電流増幅率**（current amplification factor）と呼び，h_{FE}（または β）で表す。$h_{FE} = I_C/I_B$ はトランジスタにより異なるが，数十～数千の値をとる。すなわち，トランジスタは増幅動作をする。h_{FE} の添え字Fは順方向（forward）電流比，Eは**エミッタ接地**を示す。

2個のトランジスタ Tr_1 と Tr_2 を図 1.39(a) のように接続することを**ダーリントン接続**(Darlington connection)という。Tr_1 と Tr_2 の電流増幅率を h_{FE1}, h_{FE2} とすると,全体の電流増幅率 $h_{FE}(=I_C/I_B)$ は

$$h_{FE} = h_{FE1}h_{FE2} + h_{FE1} + h_{FE2} \fallingdotseq h_{FE1}h_{FE2} \tag{1.33}$$

となる。

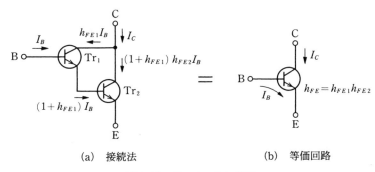

(a) 接続法　　　　　　　　(b) 等価回路

図 1.39　ダーリントン接続

このようにトランジスタをダーリントン接続すると,Tr_1 のコレクタ電流 I_{C1} がほぼ Tr_2 のベース電流 I_{B2} となるので,きわめて高い増幅率が得られる。ダーリントン接続されたトランジスタは,図(b)で示すトランジスタと等価であり,2SD2014 のように1つの部品として組まれている場合も多い。

[2]　**スイッチング作用**

図 1.40 は npn 形トランジスタを**スイッチング素子**(switching element)として用いる場合の基本回路を示す。エミッタ接地の特性曲線(図 1.37)において,動作点を遮断領域と飽和領域に移動させて使用すると,スイッチとして利用することができる。ここでは5Vのパルス入力が印加された場合を考える。

入力電圧が $V_i=0$ V のとき,図 1.37 における動作点は点 A になり,コレクタ電流は流れず,**図 1.41**(a)に示すようにコレクタ・エミッタ間はあたかもスイッチが OFF の状態となる。このため抵抗 R_C による電圧降下はなく,電源電圧 V_{cc} が出力電圧 V_0 として出力される。この電圧はディジタル回路では H

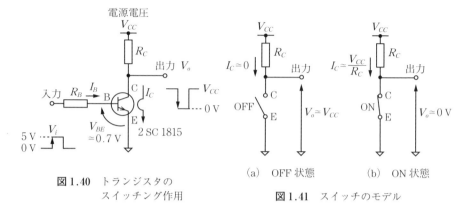

図1.40 トランジスタの
スイッチング作用

図1.41 スイッチのモデル

レベルとなる。

　入力電圧が0.7 V以上で，十分なベース電流 I_B が流れると，図1.37における動作点は点Bになり，コレクタ飽和電流 $I_{CS} \fallingdotseq V_{CC}/R_C$ が流れる。この場合，図1.41(b)に示すようにトランジスタのCE間はあたかもスイッチがONの状態になる。このため出力電圧 V_o は電圧降下し，ほとんど0 V（ディジタル回路ではLレベル）になる。これをトランジスタの**スイッチング作用**と呼ぶ。このときベース電流 I_B は次式で規定される。

$$I_B = \frac{V_i - V_{BE}}{R_B} \tag{1.34}$$

トランジスタが飽和領域に入ると，電流増幅率 $h_{FE}=I_C/I_B$ は小さくなる。

1.6　FET（電界効果トランジスタ）

　FET（field effect transistor）は**電界効果トランジスタ**と呼ばれる。FETもp形やn形の半導体を用いた半導体素子で，その構造から**接合形**（junction type）と**MOS**（モス：metal oxide semiconductor）**形**がある。また**チャネル**（channel）と呼ばれる負または正の電荷の通路の違いにより，**nチャネル形**（2SK）と**pチャネル形**（2SJ）に分けられる。

1.6.1 接合形 FET

図 1.42 に接合形 FET の回路記号と電極名を示す。前節のトランジスタと比べると，コレクタ C が**ドレイン**（drain）D に，ベース B が**ゲート**（gate）G に，エミッタ E が**ソース**（source）S にそれぞれ対応する。n チャネル形と p チャネル形では，ゲートについた矢印の向きとドレイン-ソース間で流れる電流の向きが反対になる。外観はトランジスタと同様である。トランジスタではベース電流 I_B でコレクタ電流 I_C を制御するのに対して，FET では**ゲート電圧** V_{GS} で**ドレイン電流** I_D を制御する点が異なる。

(a) n チャネル（2SK）　　(b) p チャネル（2SJ）

図 1.42 接合形 FET の回路記号

図 1.43 は n チャネル接合形 FET の構造と動作を示す。構造は図(a)に示すように p 形半導体のゲートに対して n 形半導体がドレイン-ソース間で貫通している。このため，図(b)に示すようにゲート電圧 $V_{GS}=0\,\text{V}$ の状態でドレイン-ソース間にドレイン電流 I_D が流れる。記号のドレイン-ソース間の棒線は

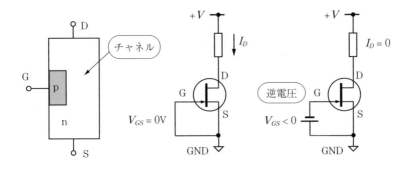

(a) 構造　　(b) ゲート電圧 0V の時　　(c) ゲートに負の電圧を加えた時

図 1.43 n チャネル接合形 FET の構造と動作

電子の通路であるチャネルを表している。一方，図(c)に示すようにゲート電圧を 0 V から下げると，その電界効果によりドレイン電流 I_D が減少し，ある負の電圧で $I_D=0$ となる。このようにゲート電圧 V_{GS} の変化でドレイン電流は制御される。

1.6.2 MOS形FET

図1.44 は MOS FET の構造を示す。MOS FET のゲートはゲート電極（metal）と半導体（semiconductor）の間に非常に薄い酸化絶縁膜（oxide）がある。MOS の名前はこれに由来する。n チャネル形と p チャネル形では，p 形と n 形の半導体の構成が異なり，それぞれ **nMOS**，**pMOS** とも書かれる。

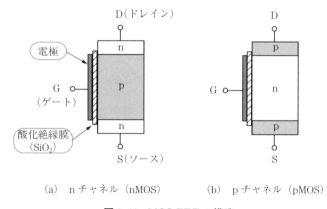

(a) n チャネル（nMOS）　　(b) p チャネル（pMOS）

図 1.44 MOS FET の構造

図 1.45 は MOS FET の種類と記号を示す。MOS FET には後述する電圧-電流特性の違いから，**エンハンスメント**（enhancement）**形**と**デプリーション**（depletion）**形**がある。それぞれ n チャネル形と p チャネル形があり，電流の流れる方向が異なる。記号ではエンハンスメント形はドレインとソース間のチャネルを意味する線が切れている。

図 1.46 は nMOS FET のエンハンスメント形とデプリーション形の電圧-電流特性の違いを示す。ドレイン電流 I_D が急激に流れ始めるスレッショルド電圧 V_{th} は，デプリーション形では負であるのに対して，エンハンスメント形で

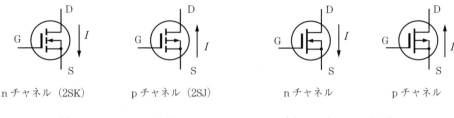

図1.45 MOS FET の種類と記号

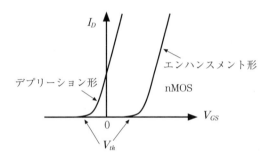

図1.46 nMOS FET の電圧-電流特性の違い

は正である。また，エンハンスメント形はゲート電圧 $V_{GS}=0$ においてドレイン電流 $I_D=0$ となる。このため，ディジタル回路ではエンハンスメント形がよく使われる。

図1.47(a), (b)はエンハンスメント形 nMOS FET の動作を示す。図(a)に示すゲート電圧 $V_{GS}=0\,\mathrm{V}$ の状態では，ドレイン-ソース間に電圧を加えても

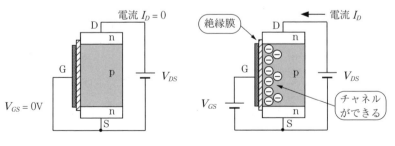

図1.47 エンハンスメント形 nMOS FET の動作

pn接合が逆方向に接続された構造のため電流は流れない。図(b)に示すようにゲートに正の電圧 V_{GS} を加えると，絶縁膜をへだてた p 形領域ではゲートの正電圧に引かれて負の電荷（電子）が集まる。その結果，電子の通路は n チャネルとなり，電子はドレイン-ソース間の電圧によりソースからドレインの方向に移動する。このため電流 I_D はドレインからソースに向かって流れる。このようにして正のゲート電圧でドレイン電流を制御できる。

MOS FET は多くのディジタル回路でスイッチとして使用されている。**図 1.48** はマイコンの出力にエンハンスメント形 nMOS FET をつなぎ，DC モータを駆動する回路を示す。マイコンの出力を H レベル（マイコン電源電圧に近い電圧）にすると MOS FET が ON となり，ドレイン電流が流れてモータが回転する。マイコン出力を L レベル（0 V に近い電圧）にすると，MOS FET は OFF となり，モータは停止する。このように使われるパワー MOS FET においても，ゲートにはほとんど電流は流れず，内部抵抗が小さいことから損失による発熱量もきわめて小さい。マイコンとゲート間に入れる抵抗 R_G は，スイッチングによる突入電流で動作が不安定になることを防ぐ**ダンピング抵抗**（damping resistor）としての役割をもつ。

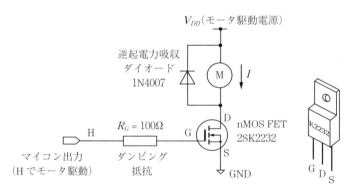

図 1.48　エンハンスメント形 nMOS FET を用いた DC モータの駆動

演習問題

【1】つぎの用語について説明せよ．
　　(a)　抵抗ネットワーク　　(b)　ダイオードのブリッジ接続　　(c)　最大定格
　　(d)　ダーリントン接続

【2】(1)　つぎのカラーコードの抵抗値を示せ．
　　　　(a)　紫緑赤金　　(b)　赤黒黒赤茶
　　(2)　つぎの抵抗のカラーコードを示せ．
　　　　(a)　390 Ω（±5 %）　　(b)　10 kΩ（±5 %）

【3】図 1.9(a) で出力電圧を入力電圧の 1/10 にする抵抗 R_2 の値を求めよ．ただし $R_1=18$ kΩ で，出力側に流れる電流は無視できるものとする．

【4】つぎのように表示されたコンデンサの静電容量を示せ．
　　(a)　104 K　　(b)　223 Z　　(c)　51

【5】次の文が適切になるように（　）内に直流または交流のいずれかを記入せよ．
　　(1)　コンデンサの特性として，（　）は通さないが，（　）はよく通す．
　　(2)　インダクタの特性として，（　）は通しにくいが，（　）はよく通す．

【6】LED を電源電圧 $V_{DD}=12$ V に接続し，順方向電流 $I_F=10$ mA で点灯させたい．電流制限抵抗 R の値を見積もれ．

【7】図 1.49 のトランジスタについて，つぎの問に答えよ．
　　(1)　これは何形と呼ばれるか．
　　(2)　電極名を記入せよ．
　　(3)　流れる電流の方向を矢印で示し，それぞれ名称を記入せよ．

【8】図 1.50 の FET（電界効果トランジスタ）について，つぎの問いに答えよ．
　　(1)　電極名を記入せよ．
　　(2)　ON 状態で流れる電流 I の方向を矢印で示せ．
　　(3)　これは（　　）形（　）チャネルの（　　）FET である．FET の特徴として，上記 (1) の（　　）に電流はほとんど流れない．（　）内に適切な用語を記入せよ．

図 1.49　トランジスタ

図 1.50　FET

2 ディジタル回路における数の表現

われわれが一般に使用している数は10進数である。ディジタル回路およびコンピュータでは基本的に"0"と"1"の2進数が扱われる。

2.1 10進数と2進数

2.1.1 数の表現と10進数

10進数（decimal number）は0から9までの数で1桁を表す。例えば，10進数で3桁の数123は百の位が1，十の位が2，一の位が3であり，数学的につぎのように書き表される。

$$123 = 1 \times 10^2 + 2 \times 10^1 + 3 \times 10^0$$

一般にn桁のR進数は次式で表現される。

$$(a_{n-1}a_{n-2}\cdots\cdots a_2 a_1 a_0)_R$$
$$= a_{n-1}R^{n-1} + a_{n-2}R^{n-2} + \cdots\cdots + a_2 R^2 + a_1 R^1 + a_0 R^0 \quad (2.1)$$

ここでRを**基数**（radix），R^{n-1}, R^{n-2}, ……, R^2, R^1, R^0を**重み**（weight）という。式(2.1)によってR進数の数は容易に10進数に変換できる。

2.1.2 2進数
[1] 2進数とビット

2進数（binary number）は0と1の数字のみを扱う数体系であり，電圧の

HighとLow，スイッチのONとOFFなどに対応するため，ディジタル回路には2進数が適する。2進数の1桁を**ビット**（**bit**：binary digit）と呼ぶ。

| 例題2.1 | 2進数の1101を10進数に変換せよ。

| 解　答 | 式(2.1)から4ビットの2進数では，各桁の重みは上位より

$$2^3, \quad 2^2, \quad 2^1, \quad 2^0$$
$$(8) \quad (4) \quad (2) \quad (1)$$

である。したがって

$$(1101)_2 = 1 \times 2^3 + 1 \times 2^2 + 0 \times 2^1 + 1 \times 2^0$$
$$= 8 + 4 + 0 + 1$$
$$= 13$$

であり，10進数では13となる。

[2] MSBとLSB

2進数を扱う場合，一番左側の**最上位ビット**をMSB（most significant bit）という。これはこのビットの値が変化した場合，最も影響が大きいことを示すものであり，MSBは最も重要な（significant）ビットである。一方，一番右側の**最下位ビット**は，最も影響が小さいためLSB（least significant bit）という。例えば1101ではつぎのように対応する。

$$\begin{array}{cccc} 1 & 1 & 0 & 1 \\ \vdots & & & \vdots \\ \text{MSB} & & & \text{LSB} \end{array}$$

2進数では末尾にBinaryの頭文字Bをつけて，1101_Bまたは1101Bのようにも表す。

[3] **10進数から2進数への変換**

| 例題2.2 | 10進数の13を2進数に変換せよ。

| 解　答 | 10進数を2進数に変換するには，**図2.1**に示すように2（基数）で割り，商が0になるまでの余りをLSBより順に並べる方法がある。これより，13＝1101_Bを得る。

38   2. ディジタル回路における数の表現

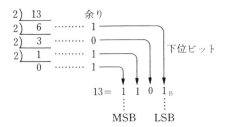

図 2.1　10進数から2進数への変換

2.2　16 進 数

2.2.1　2進数から16進数へ

16進数（hexadecimal number）では10進数の数字0〜9に加えて，つぎのように10〜15に相当する英文字のA〜Fで1桁を表す。

　　A，B，C，D，E，F　………16進数
　　10　11　12　13　14　15　………10進数

2進数から16進数への変換は，LSBから**4ビット単位**で区切り，これを1桁として各ビットの重み（2^3〜2^0）を考慮すると容易に求められる。

　例題 2.3　　2進数の 1010 0110 を16進数で表せ。
　解　答　　下位から4ビットずつで区切り，各ビットの重みを考慮すると，つぎのようになる。

```
  (8)(4)(2)(1)  (8)(4)(2)(1)
   1 0 1 0    0 1 1 0    ……2進数
   ‾‾‾‾‾‾‾    ‾‾‾‾‾‾‾
      A          6       ……16進数
```

すなわち，$(1010\ 0110)_2 = (A6)_{16}$ である。

2.2.2　16進数の長所

2進数で大きな数値を表すと，あまりに桁数が多くなりすぎて人間が扱うには不便である。上記の例のように2進数の8桁（8ビット）は16進数では2桁の表現ですむ。コンピュータのプログラム，データなどは**8ビット**を単位と

して扱われることが多く，16進数が広く使われるようになった。その際，8ビットのデータは**バイト**（byte）呼ばれる。すなわち

1バイト（byte）＝8ビット（bit）

である。

コンピュータで用いられる16進数では，末尾にHexadecimalの頭文字Hを付けて表す方法が一般的であり，例えば$(A6)_{16}$はA6$_H$またはA6Hで表される。以後，本書でもこの表現を使うことにする。

2.2.3 10進数との変換

[1] 16進数から10進数への変換

16進数では1桁で16とおりの数を表現可能にしており，1桁位が上がるごとに16倍ずつ重みが増える。

例題2.4 16進数の2AC$_H$を10進数に変換せよ。

解 答 16進数のA，Cはそれぞれ10進数では10，12であり，式(2.1)で基数$R=16$より

$$2AC_H = 2\times 16^2 + 10\times 16^1 + 12\times 16^0$$
$$= 2\times 256 + 10\times 16 + 12\times 1$$
$$= 684$$

[2] 10進数から16進数への変換

例題2.5 10進数の684を16進数に変換せよ。

解 答 10進数を16進数に変換するには，図2.2のように16で割り，商が0になるまでの余りを下位から順に並べる方法がある。これより，684＝2AC$_H$を得る。また，一度2進数に変換した後に16進数に変換することもできる。

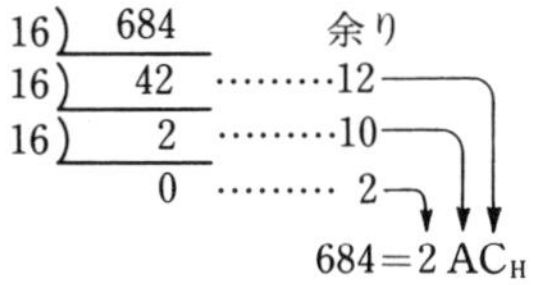

```
16) 684    余り
16)  42 ……… 12
16)   2 ……… 10
      0 ………  2
          684 = 2 AC_H
```

図2.2 10進数から16進数への変換

2.3 BCD コード (2進化10進数)

2.3.1 10進数とBCDコード

ディジタル回路では2進数が扱いやすいが，人間にはやはり10進数のほうが都合がよい。このため，2進数を日常扱い慣れた10進数に似せて扱う工夫がなされたのが**2進化10進数**（binary coded decimal number）であり，**BCDコード**（BCD code）と呼ばれる。これは10進数の各桁を2進数の4ビットで表示する方法であり，**表2.1**に10進数，2進数，16進数およびBCDコードの関係を示す。

表2.1 10進数，2進数，16進数とBCDコードの関係

10進数	2進数	16進数	BCDコード 10^1	BCDコード 10^0
0	0	0		0000
1	1	1		0001
2	10	2		0010
3	11	3		0011
4	100	4		0100
5	101	5		0101
6	110	6		0110
7	111	7		0111
8	1000	8		1000
9	1001	9		1001
10	1010	A	0001	0000
11	1011	B	0001	0001
12	1100	C	0001	0010
13	1101	D	0001	0011
14	1110	E	0001	0100
15	1111	F	0001	0101
16	10000	10	0001	0110

例題2.6 10進数の345をBCDコードで表せ。

解答 10進数の各桁を4ビットの2進数で表すと，つぎのようになる。

```
  3     4     5    ……10進数
  ↓     ↓     ↓
0011  0100  0101   ……BCDコード
```

すなわち，345=0011 0100 0101_BCD である。ここで注意すべきことは，10進数の最上位の桁の"3"も4ビットで"0011"と表し，上位の0は省略しない。

2.3.2 BCDコードの特徴

BCDコードは，10進数との変換が簡単であるため，人間が関与するディジタル回路の入出力部で多く使われる。しかし，表2.1からもわかるように，10進数の10から15までに対応する2進数（1010〜1111）を使わないため，無駄が多くなり，同じ数値を表現するのに2進数より桁数は多くなる。

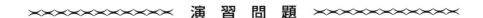

演 習 問 題

【1】 つぎの用語について説明せよ。
　　　(a) MSBとLSB　　(b) BCDコード
【2】 16進数の長所を述べよ。
【3】 つぎの2進数を16進数および10進数に変換せよ。
　　　(a) 11 1100　　(b) 101 0101　　(c) 1111 1111
【4】 つぎの10進数を2進数，16進数およびBCDコードに変換せよ。
　　　(a) 14　　(b) 100　　(c) 1984　　(d) 自分の年齢

ディジタル回路の基礎

ディジタル回路は，電圧レベルが"High"か"Low"かを2進数の"1"か"0"かという論理信号（logic signal）として処理する。そして各種の論理演算を行う電子回路を**論理回路**または**ロジック回路**（logic circuit）という。

3.1 論理レベルと電圧

図3.1にスイッチによる論理回路の例を示す。スイッチがOFFのとき，電流$I=0$のため抵抗Rによる電圧降下はなく，出力Xは電源電圧V_{CC}に等しい+5Vとなる。つぎにスイッチONとすると，出力Xはアース電圧に等しい0Vとなる。ディジタル回路（digital circuit）では高い電圧値を**Hレベル**（high level），低い電圧値を**Lレベル**（low level）と呼び，これらを総称して**論理レベル**（logic level）という。

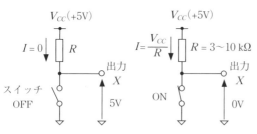

(a) スイッチOFF状態　(b) スイッチON状態

図3.1　スイッチによる論理回路

表3.1　論理の表現（正論理）

電　圧	0 V	5 V
レベル	L	H
論　理	0	1

現在ほとんどのシステムでは**表3.1**に示すようにHレベルを論理"1"に，Lレベルを論理"0"に対応させる表現が使われている。この表現を**正論理**（positive logic）という。逆にHレベルを論理"0"に，Lレベルを論理"1"に対応させる**負論理**（negative logic）の表現もあるが，初めて勉強する人にはかえって混乱を招きやすいので，本書では特に断らない限り，表3.1に示す正論理の表現を使うことにする。

3.2 基本ゲート回路

3.2.1 AND, OR, NOT 回路

2進数の0と1を対象とした論理演算を代数の演算式で表したものが**ブール代数**（Boolean algebra）であり，この名はイギリスの数学者 G. Boole による。ブール代数の論理演算を行う回路としては，**表3.2**に示す AND（アンド，**論理積**），OR（オア，**論理和**）および NOT（ノット，**否定**）が基本である。入力と出力の論理関係を式に表したものを**論理式**（logical function）といい，表にして示したものを**真理値表**（truth table）または**論理表**という。ブール代数

表3.2 基本的な論理素子

論理素子	AND	OR	NOT（インバータ）
論理記号	$A, B \rightarrow X$	$A, B \rightarrow X$	$A \rightarrow X$
論理式	$X = A \cdot B$ （論理積）	$X = A + B$ （論理和）	$X = \overline{A}$ （論理否定）
真理値表	$A\ B\ \|\ X$ 0　0　|　0 0　1　|　0 1　0　|　0 1　1　|　1	$A\ B\ \|\ X$ 0　0　|　0 0　1　|　1 1　0　|　1 1　1　|　1	$A\ \|\ X$ 0　|　1 1　|　0
機能	入力がともに1のとき出力は1	入力に1つでも1があれば出力は1	出力は常に入力と反対の論理レベル

で扱う変数の"0","1"は量を示すのではなく，状態を示す記号の意味を持つ．

表 3.2 に示すように

① **AND** 回路は，複数の入力がともに"1"("H")のとき出力が"1"になる．

② **OR** 回路は，入力の内 1 つでも"1"があれば出力は"1"になる．

③ **NOT** 回路は，常に入力と反対の論理レベルを出力する．すなわち，入力が"1"のとき出力は"0",入力が"0"のとき出力は"1"になる．

入力信号を反転させる目的で使われる NOT 回路は**インバータ**（inverter：反転回路）ともいう．出力が反転したという意味で $\overline{A}$ のように上にバーの記号が付けられる．

AND, OR など基本的な論理回路は，入力の一部の状態によって信号を通したり止めたりするため，一般に**ゲート**（gate）**回路**と呼ばれる．

3.2.2　タイムチャート

真理値表は単に入出力の状態のみを表すのに対して，時間の変化による入力・出力の変化を表すのが**タイムチャート**（time chart）であり，タイミングチャート（timing chart）とも呼ばれる．**図 3.2** に 2 入力 AND ゲートを例にとって入出力信号のタイムチャートを示す．入力 A, B がともに H レベル（"1"）となる時間 t_2 から t_3 の間だけ出力 X は H レベルとなる．

図 3.3 は AND ゲートを用いてクロック入力 CK をゲート信号 G で制御する場合のタイムチャートを示す．ゲート信号 G が"1"("H")の間のみ入力

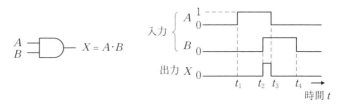

図 3.2　タイムチャート

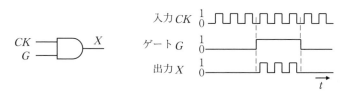

図 3.3　ゲート信号による制御

信号 CK が出力 X に現れ，ゲート（gate：門）の意味が理解できる。これらはオシロスコープにより容易に観察することができる。

3.3　MIL 記号

ディジタル回路は AND 回路，OR 回路，NOT 回路の基本ゲート素子を組み合わせることにより，さまざまな機能をもった回路を構成することができる。ディジタル回路を記号で表す場合，**MIL（ミル）記号**（Military Standard：アメリカ軍規格）が広く使用されている。

3.3.1　MIL 記号の基本

MIL 記号の基本は，**図 3.4** に示す 4 つの記号である。図 (a)，(b) は前述のAND および OR 回路である。図 (c) の**バッファ**（buffer：緩衝器）は 1 入力，1 出力の回路であり，入力の論理レベルがそのまま出力レベルとなる。このバッファは後述するように負荷回路における駆動能力を高めるために用いられ

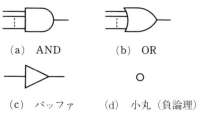

(a)　AND　　　(b)　OR

(c)　バッファ　　(d)　小丸（負論理）

図 3.4　基本 MIL 記号

る。バッファに図(d)の小さい○印をつけると，前述のインバータ（NOT 回路）を意味する。

3.3.2 正論理と負論理

MIL 記号法では，動作状態になることを**能動**（**アクティブ**：active），動作していない状態を**非能動**（passive）といい，素子に小さい○印がついていれば，L レベル（"0"）で能動を意味し，これを**アクティブロウ**（active low）と呼び，**アクティブ L** とも書く。$\overline{RESET}$ のように信号名の上にバーをつけるのは，この信号が L レベルで所定の論理動作をするアクティブロウであることを意味し，回路図を見たときに理解しやすくなっている。このように"L"でアクティブとする場合を**負論理**，"H"でアクティブとする場合を**正論理**という。

このことからインバータの表記法は，**図 3.5** のように入力が正論理（アクティブ H）の場合と負論理（アクティブ L）の場合で使い分けられる。例えば 2 つのインバータを直列に接続する場合，**図 3.6**(a), (b)のように入力をすべて正論理とする**慣用方式**と入出力信号の能動状態を一致させる **MIL 方式**がある。図(a)の慣用方式では同じインバータを 2 段に接続したことが一目でわかるが，回路の途中の論理動作は直感的にわかりにくい。一方，図(b)の MIL 方式で

(a) 入力正論理　　　　(b) 入力負論理

図 3.5　インバータの表現方法

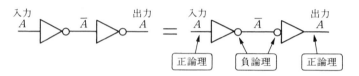

(a) 慣用方式　　　　(b) MIL 方式

図 3.6　インバータの直列接続の表記法

は，負論理の出力をそのまま負論理の入力として扱うため，回路上の論理の流れは視覚的に理解しやすい。しかし，異なるゲートが接続されているような違和感がある。このため実際の回路図では，能動状態の一致にはこだわらない慣用方式も使われる。

3.4 NANDとNORゲート

ANDやORゲートはICとして市販されているが，実際にはNAND（ナンド）またはNOR（ノア）ゲートが多く使われる。特にNANDゲートの使用頻度は高く，これを理解することが重要である。

3.4.1 NANDゲート

図3.7にNANDゲートの論理記号と真理値表を示す。NANDゲートはNOT-AND，つまりAND出力を否定（NOT）したものであり，論理式は入力をA，Bとすると，論理積$A \cdot B$を否定することから$X=\overline{A \cdot B}$で表される。すなわち

NANDゲートでは**入力がともに"1"のとき，出力は"0"**となる。

入力		出力
A	B	$X=\overline{A \cdot B}$
0	0	1
0	1	1
1	0	1
1	1	0

(a) 論理記号　　　　　　　　　(b) 真理値表

図3.7　NANDゲート

3.4.2 NOR ゲート

図 3.8 に NOR ゲートの論理記号と真理値表を示す。NOR は OR 出力を否定 (NOT) したものであり,論理式は入力を A, B とすると,$X=\overline{A+B}$ で表される。すなわち

NOR ゲートでは**入力に 1 つでも"1"があれば,出力は"0"**となる。

NAND や NOR ゲートは,出力側に小さい○印が付くためアクティブロウ(負論理)であり,入力には○印がないのでアクティブハイ(正論理)であることを考えれば,アクティブ(能動)状態が視覚的に理解できる。

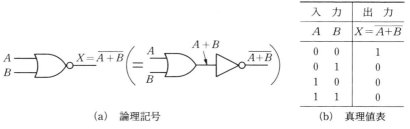

(a) 論理記号　　　　　　　　　(b) 真理値表

図 3.8　NOR ゲート

3.4.3　論理記号の変換

図 3.7 および図 3.8 で示した NAND,NOR 回路の論理記号は,入力を正論理とする表記法であり,通常この記号で示される。しかし,アクティブロウとなることを考慮して入力に負論理を使う(入力端子に小さい○印をつける)と,それぞれ**図 3.9**(a),(b)のように書き換えられる。表記法が異なっても,

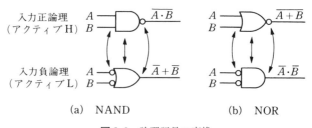

(a)　NAND　　　　　　　　(b)　NOR

図 3.9　論理記号の変換

素子自体は同じである。

見方を変えて，論理記号の AND を OR に，OR を AND に置き換えると，入出力端子の小丸の有無が変わることがわかる。このような論理記号の変換を利用すると，同じ機能を別の論理回路で表現することができる。

例題 3.1　図 3.9 に示した NAND と NOR の 2 つの表記法はブール代数におけるつぎの**ド・モルガンの定理**（De Morgan's theorem）を表している。

(1)　$\overline{A \cdot B} = \overline{A} + \overline{B}$　（NAND）　　　　　　　　　　　(3.1)

(2)　$\overline{A + B} = \overline{A} \cdot \overline{B}$　（NOR）　　　　　　　　　　　(3.2)

この定理が成り立つことを真理値表を用いて証明せよ。

解　答　表 3.3 にド・モルガンの定理の真理値表を示す。変数 A, B の組合せに対して式(3.1)および(3.2)の左辺と右辺は同じ結果となり，この定理が成り立つことが証明される。

表3.3　ド・モルガンの定理の真理値表

A	B	$\overline{A}$	$\overline{B}$	$A \cdot B$	$A+B$	$\overline{A \cdot B}$	$\overline{A}+\overline{B}$	$\overline{A+B}$	$\overline{A} \cdot \overline{B}$
0	0	1	1	0	0	1	1	1	1
0	1	1	0	0	1	1	1	0	0
1	0	0	1	0	1	1	1	0	0
1	1	0	0	1	1	0	0	0	0

同じ結果（NAND）　　　同じ結果（NOR）

3.4.4　NAND ゲートと負論理

図 3.10 に NAND ゲートによる正論理と負論理の回路例を示す。図(a)は正論理だけで表現する慣用方法で，出力の論理式を求めるには各ゲートの出力を順次入力側から求めていかなければならず，途中に負論理出力があると，論理式は複雑になる。

図(b)は負論理で出力したら負論理で入力するようにした MIL 方式による表現である。MIL 方式では小さい○印は必ず向かい合い，二重否定されるため，途中の論理レベルがわかりやすく，容易に出力を求めることができる。このように MIL 方式は回路上の論理の流れを視覚的に把握することができ，負論理

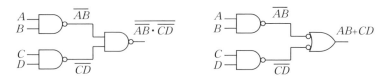

(a) 正論理だけで表現　　　(b) 負論理を用いた表現
　　（慣用方式）　　　　　　　（MIL方式）

図 3.10　NAND ゲートによる正論理と負論理の回路例

は回路図を設計・解読する上で役に立つ。

3.5　NAND ゲートによる等価回路

　ゲート素子の中でも NAND ゲートは IC 化しやすい利点もあって，各社の製品が割合に安く市販されており，最も使用頻度が高い。図 3.11(a)～(c) はインバータ（NOT），AND，OR が NAND ゲートで容易に作られることを示す。NAND からインバータを作るには，図(a)のように入力どうしを接続すればよい。このように NAND ゲートを用いて，使用する IC の種類を減らすことができる。実際の回路では NAND ゲートで多くのインバータを作ると IC の数が増えるので，インバータが NAND ゲートとともに多く用いられる。

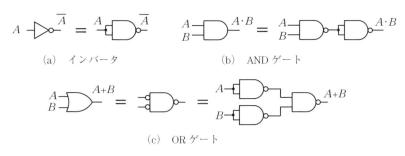

(a)　インバータ　　　　　(b)　AND ゲート

(c)　OR ゲート

図 3.11　NAND ゲートによる等価回路

　例題 3.2　図 3.12(a) の論理回路を NAND ゲートによる回路に変換せよ。また，この回路の論理式を導け。

(a) 元の論理回路　　　(b) OR ゲートを等価交換

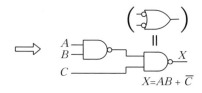

(c) NAND ゲートによる回路

図 3.12 NAND ゲートへの変換

解　答　まず，OR ゲートを論理記号の変換により等価変換すると図(b)となる。ここで入力側の小丸を移動させると，AND は NAND ゲートになり，インバータと小丸は二重否定になることから消去できる。この結果，図(c)のように NAND ゲートのみで構成できる。もちろん，回路(a),(c)の論理式は等しく，$X=AB+\overline{C}$である。

3.6　ExOR と ExNOR ゲート

[1]　ExOR ゲート

ExOR とは Exclusive OR（エクスクルーシブオア：**排他的論理和**）の略で，XOR とも書かれる。**図 3.13** に **ExOR ゲート**の論理記号と真理値表を示す。これは入力 A, B のどちらか一方が"1"のときは，OR 回路と同じく出力 X は"1"となる。しかし，OR 回路と異なる点は，入力 A, B がともに"1"で一致したとき出力 X は"0"となる。これゆえ Exclusive（排他的）の名前が付けられている。ExOR ゲートの論理式は

$$X = A \cdot \overline{B} + \overline{A} \cdot B \tag{3.3}$$

であるが，1つの回路として

$$X = A \oplus B \tag{3.4}$$

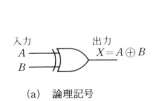

入力		出力
A	B	$X = A \oplus B$
0	0	0
0	1	1
1	0	1
1	1	0

(a) 論理記号 　　　　　　　(b) 真理値表

図 3.13　ExOR ゲート

で表される。

[2] ExNOR ゲート

図 3.14 に示す **ExNOR**（エクスクルーシブノア）**ゲート**は ExOR ゲートの出力を反転したもので、**XNOR** とも書かれる。論理式は次式で表す。

$$X = \overline{A \oplus B} \ (= A \cdot B + \overline{A} \cdot \overline{B}) \tag{3.5}$$

ExNOR ゲートは真理値表からわかるように、2つの入力の論理レベルが一致したとき、出力が"1"となる。このため ExNOR 回路は**一致回路**（coincidence circuit）とも呼ばれ、入力データの一致を調べたり、マイクロコンピュータのアドレス指定などにも使われる。

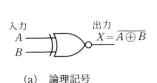

入力		出力
A	B	$X = \overline{A \oplus B}$
0	0	1
0	1	0
1	0	0
1	1	1

(a) 論理記号 　　　　　　　(b) 真理値表

図 3.14　ExNOR ゲート

例題 3.3　ExNOR ゲートを用いて、4ビットのデータ A, B が一致したら出力 X が"0"となる一致回路を設計せよ。

解　答　ExNOR ゲートは、2つの入力の論理レベルが一致したとき出力が"1"となるため、図 3.15 のように4つの ExNOR ゲートの出力を NAND ゲートの入力に接続すると、4ビットのデータ A, B が一致したときに出力 X は"0"（L レベル）となる。

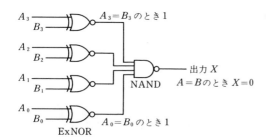

図 3.15 ExNOR ゲートによる 4 ビット一致回路

演習問題

【1】 つぎの論理式から回路図を書け。
 （1） $X_1 = \overline{A} + B \cdot C$
 （2） $X_2 = (A + \overline{B}) \oplus C$

【2】 ド・モルガンの定理を用いて，式(3.3)の ExOR の論理式 $X = A \cdot \overline{B} + \overline{A} \cdot B$ の NOT（否定）が式(3.5)の ExNOR の論理式 $X = A \cdot B + \overline{A} \cdot \overline{B}$ となることを証明せよ。

【3】 図 3.16(a) の論理回路について，つぎの問に答えよ。
 （1） 出力 X と入力 A，B，C の関係を論理式で表せ。
 （2） 図(b)の真理値表を完成せよ。
 （3） 入力 A，B，C が図(c)のように変化するとき，出力 X はどのようになるか。タイムチャートを完成せよ。

【4】 図 3.16(a) の回路を NAND ゲートのみで書き換えよ。

【5】 ExNOR ゲートを NAND ゲートとインバータで構成せよ。

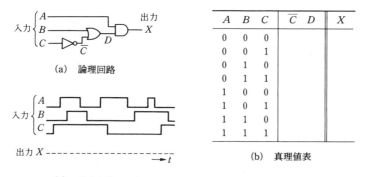

図 3.16 3 入力の論理回路

ディジタル IC の基礎

半導体の素子を回路としてパッケージに組み込んだものが IC (integrated circuit：**集積回路**) である．AND，OR などのゲート回路をはじめディジタル（ロジック）回路は IC 化され，安価でその種類も豊富である．またマイクロコンピュータ関係の LSI の周辺回路にも汎用ディジタル IC が使われる．したがって，実際にディジタル回路を扱うにはディジタル IC の知識が不可欠である．

4.1 ディジタル IC の種類

ディジタル IC (digital IC) は構成**デバイス** (device：素子) から大別するとつぎのようになる．

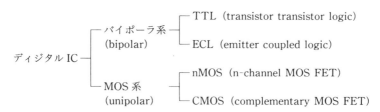

汎用ディジタル IC で最も多く用いられているのが，通常の接合トランジスタを使用した **TTL** と電界効果トランジスタ (FET) を使用した **CMOS** である．いずれも論理記号としては同じであるが，電圧レベルや電流容量による駆動能力の相違など電気的特性が異なる．このため，TTL と CMOS を混在して

使用する場合は，これらの電気的特性を考慮したインタフェースが必要となる．

4.2 電源とグランド

4.2.1 電源
[1] 電源電圧

表 4.1 におもなディジタル IC の電源電圧と端子記号を示す．IC 回路を動作させるための電源は，使用する IC の種類や目的によって異なる．TTL は 5 V の定電圧電源で使用され，電源端子は V_{CC} の記号で書かれる．基準電位（0 V）となるグランドは **GND** と書かれる．

表 4.1 ディジタル IC の電源電圧と端子記号

IC の種類		電源電圧	⊕極	グランド	⊖極
TTL	74 LS シリーズ	5V (±0.25V)	V_{CC}	GND	
CMOS	4000 B/4500 B シリーズ	3〜18V	V_{DD}	V_{SS}	(V_{EE})
	74 HC (74 AC) シリーズ	2〜6V	V_{CC}	GND	(V_{EE})

CMOS は TTL に比べ，広い範囲の電源電圧で動作可能であり，動作時の論理レベルは電源電圧に比例して変化するため，特に定電圧とする必要もない．マイナス側電源端子 V_{EE} をもつのは 5.7 節で述べるアナログスイッチなど一部である．

従来からの**標準 CMOS** の **4000 B/4500 B シリーズ** IC は電源電圧が 3〜18 V の広い範囲で使用できる．改良された**高速 CMOS** の **74 HC シリーズ**は TTL と互換性を考慮して作られたもので，現在は TTL の LS シリーズとともに **74 シリーズ**を構成する IC であり，電源端子名も V_{CC} で同一である．74 HC シリーズは電源電圧が 2 V から動作し，消費電力もきわめて小さいので，電池駆動の回路には最適である．ただし，電源電圧を低くすると，動作速度は遅くなる傾向がある．CMOS においても実際は 5 V の電源がよく利用されることから，ディジタル IC の実験のためには 5 V の定電圧電源があればよい．

[2] 電流容量

TTL の消費電流は低消費電力形の LS タイプにおいても IC 1 個あたり数 mA～数十 mA と大きく，実験回路の電源にも 0.5～1 A 程度の容量が必要である。**図 4.1** は 3 端子レギュレータ 7805 を用いた **5V 定電圧電源** の回路例を示す。一方，CMOS はきわめて消費電流が小さく，乾電池による駆動が可能である。

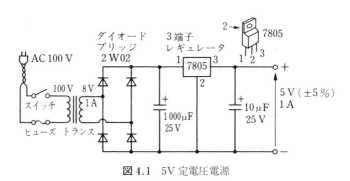

図 4.1　5V 定電圧電源

4.2.2　グ　ラ　ン　ド

[1]　グランドライン

基準電位となる**グランド**（ground：**接地**）の回路は，**図 4.2** に示すような樹の幹と枝にたとえられる。大きな電流が通る幹の部分は，インピーダンスを小さくするため太いパターンまたは線とする。そしてグランドライン（アース

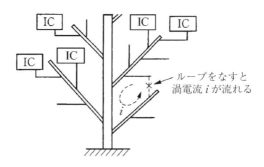

図 4.2　グランドラインはツリー状

ラインともいう）はツリー（tree）状とし，ループ（loop）を作らないことが重要である。これは不要な渦電流を防ぐためである。

複数の回路基板を電源につなぐ場合，図4.3(a)のようにすると，それぞれの基板の電位は配線の抵抗 r により他の基板を流れる電流 I の影響を受けることになる。これを避けるため，図(b)のようにつなぐ。この方法は特にグランド電位の重要性から**1点グランド（1点アース）**と呼ばれる。ディジタル回路とオペアンプなどのアナログ回路を混在させる場合も，グランドは別々にして1点グランドとすることが重要である。これを怠るとアナログ回路では精度が落ち，ディジタル回路では誤動作など思わぬトラブルを招くことになる。

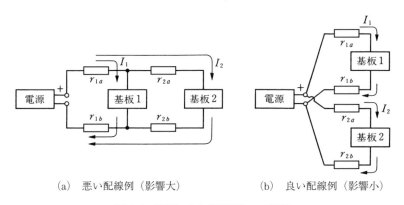

(a) 悪い配線例（影響大） (b) 良い配線例（影響小）

図4.3 配線による基板電位への影響

［2］ バイパスコンデンサ

TTLのみならず消費電流が小さいCMOSのICにおいても，パルス動作時にはスパイク状に電流が流れるため，電源のインピーダンスは低くしておく必要がある。このため電源およびGNDのプリントパターンは太く短くし，**図4.4**に示すように少なくともIC数個に1個の割合で近くに0.01～0.1μF程度のセラミックコンデンサ（図中ⓑまたはⓒ）を置き，プリント基板の電源ラインの入口に10～100μF程度の電解コンデンサ1個を取り付ける。これらは**バイパスコンデンサ**（略して**パスコン**）と呼ばれ，回路を誤動作から守るのに重要な働きをしている。

58　4. ディジタルICの基礎

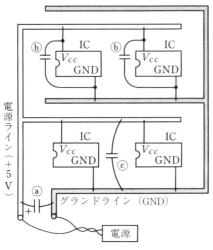

図 4.4　バイパスコンデンサによるノイズ対策

4.3　TTL の基礎

4.3.1　TTLの種類と型名

TTL では TI 社[†] の SN74 シリーズがオリジナルであるので，一般に **74 シリーズ**の型名を使う。内部回路の差により，S（Schottky：**ショットキー**）形，標準（standard）形，LS（low-power Schottky）形などがある。

型名はつぎのように命名されている。例をあげて説明すると

　　（例）　$\underset{\text{第1項}}{\text{SN}}$　$\underset{\text{第2項}}{74}$　$\underset{\text{第3項}}{\text{LS}}$　$\underset{\text{第4項}}{00}$

第1項：メーカ名。各社から同等品がセカンドソース（second source）として出されている。

第2項：74 シリーズを示す。

第3項：種別を示す。　無：標準形　　LS：低消費電力形
　　　　　　　　　　　S：高速形　　（HC：高速 CMOS）

[†] テキサス・インスツルメンツ（Texas Instruments）社。

第4項：型番で，IC の機能を示す．00：NAND　04：インバータなど．

従来からの標準形 TTL（例えば 7400）は低消費電力形の **LS シリーズ**（例えば 74 LS 00）にほとんど移行している．すなわち，現在実質的な標準品となっているのが **LS-TTL** である．本書でも TTL では LS-TTL について説明する．しかし，機能を重視している場合には，どのシリーズであっても（例えば 74 LS 04 でも 74 HC 04 でも）よい場合があるので，そのときは LS とか HC のシリーズ名をつけないこととする．ここで **HC シリーズ** は，TTL からの置き換えをねらった高速 CMOS であり，これについては 4.4 節で述べる．

4.3.2 TTL の動作原理と使用法
[1] ピン配置

図 4.5(a), (b) に代表的なゲート IC である 7400（2 入力 NAND×4）と 7404（インバータ×6）のピン配置を示す．IC の端子は **ピン**（pin）と呼ばれ，IC のパッケージを上から見て（top view という）切欠きなどの目印をもとに左下の 1 番ピンから反時計回りに番号が付けられる．端子が平行に並んだパッケージは **DIP**（dual in-line package）形と呼ばれ，図 4.5 の 14 ピン以外にも 16 ピン，20 ピン，24 ピンなどがある．V_{CC} は電源（+5 V），GND はグランド（0 V）につなぐことを示す．しかし，回路図では NAND などのゲート素子は論理記号を示すのみで，電源やグランドは省略される．

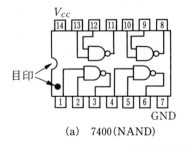
(a)　7400(NAND)

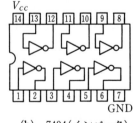
(b)　7404(インバータ)

図 4.5　代表的なゲート IC

［2］ 動作原理

7400は74シリーズ最初の番号が付けられた最も基本的なゲートICであり，4個の2入力NANDが入っている。このように複数個の素子がある場合，どれを用いても同じである。1つの素子の等価回路は標準TTLの場合，**図4.6**のようである。入力トランジスタ Tr_1 は**マルチエミッタトランジスタ**（multiemitter transistor）と呼ばれ，2つの入力 A, B の少なくとも1つがLレベル電圧であれば，Tr_1 はON状態になる。このとき Tr_1 のコレクタは Tr_2 のベース電流を流さないように働くので，Tr_2 はOFF状態となる。Tr_2 がOFFとなると，Tr_3 にはベース電流が流れ，Tr_4 にはベース電流が流れなくなる。すなわち，Tr_3 はON，Tr_4 はOFFとなり，出力 X はHレベル電圧となる。

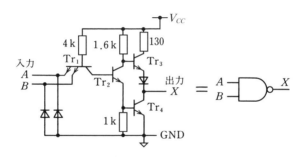

図4.6 2入力NANDゲート（7400）の等価回路

一方，入力 A, B がともにHレベル電圧であれば，Tr_1 はOFFになり，Tr_2 はONとなる。その結果，Tr_3 はOFF，Tr_4 はONとなり，出力 X はLレベル電圧となる。以上がTTLを代表するNANDゲートの動作原理である。

［3］ 使用しない入出力端子の処理

複数の入力のうち，余った端子はICの論理動作に影響を与えない論理レベルとしてHまたはLレベルのいずれかに固定しておく。TTLの入力がオープン状態では論理的にHレベルとなるが，ノイズによる誤動作を起こしやすい。このため，NANDゲートでは**図4.7**(a)のように電源端子 V_{CC} に接続するか，図(b)のように入力端子どうしを接続する。この場合，間違えてGNDにつなぐと，入力にかかわらず出力はHレベルのままとなる。

4.3 TTL の基礎

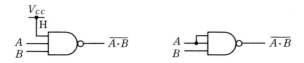

(a) 電源端子につなぐ　　(b) 入力端子をつなぐ

図 4.7 余った入力端子の処理（NAND の場合）

使わない出力端子はそのままの状態，すなわちオープンにしておく。また通常の IC では，出力端子をショート（GND に接地）したり，出力端子どうしを接続してはならない。出力論理レベルが違うと過大電流が流れ，IC を破損することがある。例外として 4.6 節で述べる特殊な出力機能をもつものがある。

4.3.3　TTL レベルとノイズマージン

[1]　**TTL レベル**

TTL の電源電圧は $V_{CC}=5\,\mathrm{V}$ であるが，H レベル，L レベルという論理レベルは一定な電圧を示すものではなく，ある範囲内の電圧で規定される。すなわち，H レベルと L レベルの境界の電圧は**スレッショルド電圧**と呼ばれるが，この電圧は同一規格の素子間でも差異があり，温度によっても変化するため，同一**ファミリ**（family：**電気的特性**を同じにした IC のグループ）の IC では実用上保証された電圧範囲が規定されている。これらの電気的特性を表す記号はつぎのようにつけられている。

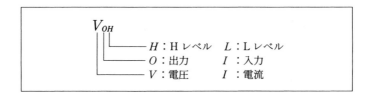

LS-TTL では**図 4.8** に示される電圧範囲で H レベル，L レベルを規定しており，これを **TTL レベル**という。それぞれの論理レベルに対する電圧はつぎのように保証されている。

62   4. ディジタル IC の基礎

V_{OL} ：L レベルの出力電圧　　　　　　　　　≦0.4 V
V_{IL} ：L レベルとして識別される入力電圧　　≦0.8 V
V_{OH} ：H レベルの出力電圧　　　　　　　　　≧2.7 V
V_{IH} ：H レベルとして識別される入力電圧　　≧2.0 V

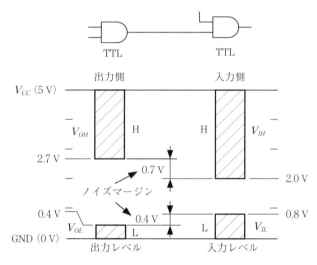

図 4.8 LS-TTL の入出力レベル

入力電圧が 0.8～2.0 V の範囲は論理不確定の領域であり，H レベルとして処理されるか L レベルとして処理されるかわからない．なお入力電圧の**最大定格**（これを一時的にも越えると素子が破壊する限界値）[†] は −0.5 V および V_{CC}+0.5 V であり，とくに接続間違いによる負の電圧に対して注意が必要である．

[2]　**ノイズマージン**

TTL-IC どうしを接続して L レベルを伝達する場合，図 4.8 からわかるように前段の出力電圧が最大 $V_{OL(\max)}=0.4$ V であっても，後段が L レベルとして識別する電圧の最大値は $V_{IL(\max)}=0.8$ V であるから，$V_{IL(\max)}-V_{OL(\max)}=0.8\,\mathrm{V}-0.4\,\mathrm{V}=0.4\,\mathrm{V}$ の余裕をもってこの入力電圧を L レベルとして識別す

[†]　TI 社では絶対最大定格（absolute maximum rating）と呼ぶ．

ることになる.すなわち,0.4 V までのノイズに対して余裕をもつことができる.この余裕度を**ノイズマージン**(noise margin:**雑音余裕度**)という.

一方,H レベルを伝達する場合のノイズマージンは,$V_{OH(\min)} - V_{IH(\min)} = 2.7\,\mathrm{V} - 2.0\,\mathrm{V} = 0.7\,\mathrm{V}$ であり,L レベルのノイズマージン 0.4 V より大きい.このため TTL ではノイズによる誤動作を防ぐ目的で,通常はノイズマージンの大きい H レベルにしておき,L レベルの信号でアクティブとする負論理の設計が多く行われてきた.

入出力電圧が TTL レベルに対応しており,TTL と直接互いに接続できることを **TTL コンパチブル**(compatible:互換性がある)という.この場合,**図 4.9** のように入力信号にノイズが加わっても,ノイズマージンにより出力信号 X はノイズの影響を受けない.このようにディジタル回路は雑音電圧に強い.

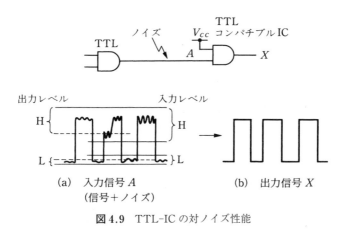

図 4.9　TTL-IC の対ノイズ性能

4.3.4　TTL の入出力電流

TTL では電流動作形の素子である(バイポーラ)トランジスタを主体に作られているため,信号の入出力には必ず電流のやりとりが生ずる.

[1] 出 力 電 流

一般の TTL では図 4.6 の等価回路で見たように,出力端は**図 4.10** のような**トーテムポール**(totem pole)形であり,出力が H レベルと L レベルで出力

電流の向きは逆になる．すなわち，出力が H レベルの場合，出力段のトランジスタ Tr_3 が ON，Tr_4 が OFF となって出力電流 I_{OH} は TTL から外へ流れ出る．この電流 I_{OH} を**ソース電流**（source current：**吐出し電流**）という．LS-TTL では $I_{OH} \leq 0.4\,\mathrm{mA}$ であり，大きな電流は取り出せない．

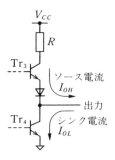

図 4.10　TTL のトーテムポール形出力回路

一方，出力側が L レベルとなると，逆にトランジスタ Tr_3 が OFF，Tr_4 が ON となり，出力電流 I_{OL} は外から TTL 内へ流れ込む．この電流 I_{OL} を**シンク電流**（sink current：**吸込み電流**）という．図 4.11 にソース電流とシンク電流の向きとその最大値を示す．LS-TTL のシンク電流は一般に $I_{OL} \leq 8\,\mathrm{mA}$ であり，ソース電流より大きい．この値は発光ダイオード（LED）1 個を光らせることができるが，さらに大きなシンク電流が必要な場合は，4.3.6 項で述べるバッファ IC が用いられる．

(a)　出力が H レベルのとき　　(b)　出力が L レベルのとき

図 4.11　LS-TTL の出力電流

［2］入力電流

図 4.12 は LS-TTL の入力側の電流の向きとその最大値を示す．入力が H レベルにおける入力電流の最大値は $I_{IH}=0.02\,\mathrm{mA}\,(=20\,\mu\mathrm{A})$ であり，入力が

Lレベルとなったときに流れ出る電流の最大値は$I_{IL}=0.4\,\mathrm{mA}$である。当然ながら，入力電流の向きは論理レベルによって図4.11の出力電流の方向と同じになる。素子から流れ出る電流I_{OH}，I_{IL}は，負の値で表されることもある。

(a) 入力がHレベルのとき　　(b) 入力がLレベルのとき

図4.12　LS-TTLの入力電流

4.3.5　ファンアウト

1つのゲートについて複数の入力線，出力線を書くと**図4.13**のようになる。ゲートが扇（fan）のかなめのような形になることから，入力線の数を**ファンイン**（fan in）または**ロードファクタ**（load factor）といい，つなげられる出力線の数を**ファンアウト**（fan out）と呼ぶ。

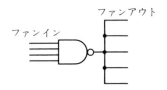

図4.13　ファンインとファンアウト

例題 4.1　LS-TTLのゲートどうしを接続する場合のファンアウトを求めよ。

解　答　図4.14(a)に示すようにLS-TTLでは出力がHレベルの場合，とり出せる電流（ソース電流）は，$I_{OH}=0.4\,\mathrm{mA}$（最大）であり，接続されたゲートの入力がHレベルにおいて流れ込む電流は$I_{IH}=0.02\,\mathrm{mA}$（最大）となることから，Hレベルのファンアウトは

$$\frac{I_{OH(\max)}}{I_{IH(\max)}}=\frac{0.4\,\mathrm{mA}}{0.02\,\mathrm{mA}}=20 \tag{4.1}$$

である。逆に図4.14(b)のようにLレベルの論理を伝達する場合を考えると，Lレベルのファンアウトは

$$\frac{I_{OL(\max)}}{I_{IL(\max)}} = \frac{8\,\mathrm{mA}}{0.4\,\mathrm{mA}} = 20 \tag{4.2}$$

となる.つまり LS-TTL では出力側に接続できるゲート数はファンインが1の場合,最大20である.この数を超えて TTL を接続すると,論理レベルを維持できずに誤動作の原因となったり,IC を焼損することになる.

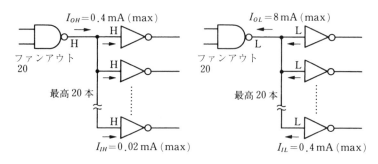

図 4.14 LS-TTL のファンアウト

4.3.6 バッファ

IC の出力電流を大きくして高ファンアウトとしたものを**バッファ**(buffer)または**ドライバ**(driver)と呼ぶ.**図 4.15**(a)に論理記号を示すバッファ IC としては74 LS 07 があり,パッケージ内に6回路をもつ.また図(b)のインバータ形式の 74 LS 06 などもバッファ機能をもち,74 LS 07 と同様にシンク電流 I_{OL} は最大 40 mA までとることができる.しかし,ソース(吐出し)電流は通常のゲートよりも小さく $I_{OH} \leq 0.25$ mA である.このためバッファを用いるおもな目的は大きなシンク電流 I_{OL} を利用することにある.74 LS 06 のピン配置は図 4.5(b)で示した通常のインバータ 7404 と同じである.

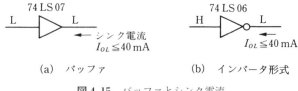

図 4.15 バッファとシンク電流

例題 4.2 インバータ形式のバッファ 74 LS 06 を用いて LED を駆動（点灯）する回路を示し，LED の電流制限抵抗 R の値を求めよ。

解 答 LED を光らせるには 10 mA 程度の電流を流せばよい。図 4.16(a) は 74 LS 06 を用いて直接 LED を駆動する回路を示す。これはバッファの出力が L レベルのとき，シンク電流 I_{OL} が最大 40 mA とれることによる。

電源電圧を V_{CC}，LED の順方向電圧および電流を V_F と I_F，そしてバッファの L レベル出力電圧を V_{OL}（≦0.4 V）とすると，電流制限抵抗 R は次式で計算できる。

$$R = \frac{V_{CC} - V_F - V_{OL}}{I_F} \tag{4.3}$$

ここで，$V_{CC}=5$ V，$V_F \fallingdotseq 2$ V で発光電流 $I_F \fallingdotseq 10$ mA とし，$V_{OL} \fallingdotseq 0$ V とすると，抵抗値 R は式 (1.29) と同じく $R=300\,\Omega$ が得られる。

実際の回路ではこの前後の $R=220 \sim 510\,\Omega$ がよく用いられる。通常の LS-TTL においても $R \geqq 390\,\Omega$ とすれば，シンク電流 $I_{OL} \leqq 8$ mA で LED の点灯は可能である。なおバッファ 74 LS 06 は 4.6.1 項で述べるオープンコレクタ出力のため，LED 側の電源電圧は 5 V よりも高くできる。

図 4.16(b) のように接続すると，バッファ IC でもソース電流は小さい（$I_{OH} \leqq 0.25$ mA）ため LED を十分点灯できない。

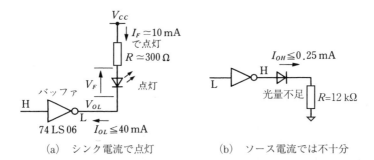

(a) シンク電流で点灯　　(b) ソース電流では不十分

図 4.16 バッファ（インバータ）による LED の点灯

4.4 CMOS IC

CMOS は現在汎用ディジタル IC の中心的存在であり，つぎの特徴をもつ。

(1) 消費電力がきわめて少ない。
(2) 動作電圧範囲が広い。

(3) 雑音余裕度が高い。

(4) 高集積度化が可能。

4.4.1 CMOSの種類

CMOSではRCA社/モトローラ社の**4000 B/4500 Bシリーズ**がオリジナルである。TTLに比べ消費電力が格段に少ないなど優れた特性をもつが，応答速度（約100 ns）ではTTL系（約10 ns）より劣っていた。また従来からのTTLとは型番の付け方が異なり，ピン接続も異なっていた。

しかし，1980年代になってCMOSの欠点を改良した**74 HC**（high speed CMOS）**シリーズ**が出現した。この74 HCシリーズは完全にTTLの置き換えを意識して作られた**高速CMOS**である。従来の機器に多く使われてきたTTLとピン配置が同じ（**ピンコンパチブル**と呼ぶ）であり，CMOSという低消費電力，高雑音余裕度とLS-TTLの高速，高出力特性を併せもつ特長から74シリーズの主流となっている。その後74 HCシリーズの高速，高出力特性をさらに上回る**74 AC**（advanced CMOS）**シリーズ**が発売され，製品の種類も増えている。

表4.2はTTLとCMOSに代表される**汎用ロジックIC**の電気的特性の比較を示す。

表4.2 汎用ロジックICの電気的特性（電源電圧5V）

ファミリ		電圧〔V〕						電流〔mA〕			
		出力レベル		入力レベル		ノイズマージン		出力		入力	
		V_{OH}	V_{OL}	V_{IH}	V_{IL}	H	L	I_{OH}	I_{OL}	I_{IH}	I_{IL}
TTL	標準 (74)	2.4	0.4	2.0	0.8	0.4		0.4	16	0.04	1.6
	74 LS	2.7	0.4	2.0	0.8	0.7	0.4	0.4	8	0.02	0.4
CMOS (5V)	4000/4500	4.9	0.1	3.5	1.5	1.4		0.12	0.36	0.001	
	74 HC							4			
	74 AC							24			

4.4.2 CMOSの動作原理と使用法

[1] 動作原理

CMOS IC の基本回路は，図 4.17(a)に示すようにpチャネル形とnチャネル形の MOS FET を相補形（complementary）に組み合わせたインバータ（NOT 回路）である．CMOS インバータは抵抗やダイオードを含まず，簡単な構成となる．その動作は図(b)に示すように Q_1 および Q_2 の FET を2つのスイッチにたとえて ON，OFF の組合せで説明される．すなわち，入力 A＝H のときは，Q_1 が OFF で Q_2 が ON となり，出力 X＝L となる．一方，入力 A＝L のときは，Q_1 が ON で Q_2 が OFF となり，出力 X＝H となる．

このように CMOS の入力は FET により電圧で動作し，電流はほとんど流れないため消費電力はごくわずかである．さらに，CMOS は簡単な構成から高密度の集積化が可能である．

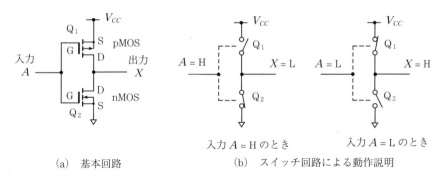

(a) 基本回路　　　　　(b) スイッチ回路による動作説明

図 4.17 CMOS インバータの基本回路と動作

FET の nMOS はゲート G が H レベルでスイッチ ON となり，pMOS はゲートが L レベルでスイッチ ON となることから，pMOS のゲートに負論理の小丸をつけて視覚的にわかりやすくした表記法がある．図 4.18(a)，(b)はこの方法による CMOS のインバータと NAND の内部構成を示す．図(b)の NAND では入力 A, B がともに H のとき，pMOS の Q_1, Q_2 が OFF となり，nMOS の Q_3, Q_4 が ON となることから，出力は X＝L となることがわかる．

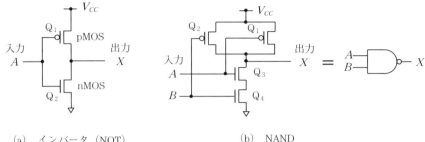

(a) インバータ (NOT)　　　　(b) NAND

図 4.18　CMOS インバータと NAND の内部構成の表記法

[2] 使用しない入出力端子の処理

（a） 余った入力端子は，TTL と同じく IC の論理動作に影響を与えない H または L レベルに固定しておく。パッケージ内の使用しない素子については，TTL では入力端子をオープンとしたままでよかった。しかし，CMOS の入力は非常にインピーダンスが高いため，入力端子をオープン状態のままにしておくと，論理レベルが不確定となり，不要な大電流が流れたり静電破壊の危険性もあるので，パッケージ内の**使用しない素子の入力端子**も図 4.19 のようにすべて**電源** V_{CC} か **GND** に接続しておかねばならない。

（b） 使わない出力端子は，TTL と同じくオープンのままにしておく。

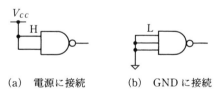

(a) 電源に接続　　　(b) GND に接続

図 4.19　使用しないゲートの処理（CMOS）

[3] 使用上の注意

（a） CMOS はその構造上静電気によりゲート酸化膜が破壊されやすいので，取扱いには**静電防止に配慮**する。

（b） 回路の実験では CMOS, TTL ともにつぎのことに注意すべきである。

1） **GND よりも低い負の電圧を加えない**　　電源の V_{CC} とグランドを逆

に接続すると，ICは壊れる．よく確かめてから電源のスイッチを入れる．

2) **過渡的にも過大な電圧，電流を加えない**　ICをソケットから抜いたり，回路基板をコネクタより外すときには，必ず電源を切ってから行う．

4.4.3　CMOSレベル

図4.20にCMOS（74HCシリーズ）の入出力レベルを示す．これは電源電圧をTTLと同じ$V_{CC}=5$ Vにした場合であり，CMOSどうしを接続したときのHおよびLレベルのノイズマージンは図からともに1.4 Vとなり，図4.8に示したLS-TTLのノイズマージン（Hレベル0.7 V，Lレベル0.4 V）に比べて大きな値をとる．このことからCMOSはTTLよりもノイズに強いことがわかる．

TTLを用いた回路の設計では，回路基板の入出力や信号線が長くてノイズが心配なときは，アクティブロウとする負論理が用いられてきた．これはLレベルのノイズマージン（0.4 V）に比べてHレベルのノイズマージン（0.7 V）が大きいため，動作していないときのレベルをHレベルにして，ノイズによる誤動作を防ぐためにある．これに対してCMOSでは，ノイズマージンがいずれのレベルでも同じで大きいため，信号線は正論理，負論理いずれ

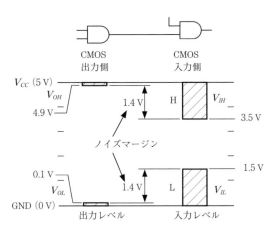

図4.20　CMOS（74HC）の入出力レベル（$V_{cc}=5$ V）

4.4.4　CMOS の入出力電流

図 4.21 に CMOS（74 HC）の入出力電流の最大値を示す。CMOS は電圧動作形の FET を主体に作られており，入力インピーダンスは非常に高いので，TTL に比べて入力端子にはほとんど電流は流れず，H，L レベルともに入力電流は最大 1 μA（= 0.001 mA）である。

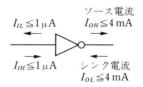

図 4.21　CMOS（74 HC）の入出力電流

これに対し，出力電流は 74 HC シリーズでは H，L レベルともに最大 4 mA（74 AC シリーズでは最大 24 mA）得られるため，CMOS のファンアウトはほとんど無制限に近い計算となる。しかし，実際には負荷容量の増大による動作速度の低下や，論理レベルの反転による消費電力の増加から，ファンアウトは 50 程度に制限される。

CMOS（74 HC）による LED の点灯は，ソース電流 I_{OH}，シンク電流 I_{OL} ともに最大 4 mA であることから，出力が H，L いずれの場合も動作する。接続のしかたは図 4.16 と同じである。ただし，電源電圧 $V_{CC}=5\,\mathrm{V}$ としたときの電流制限抵抗 R は $R=750\,\Omega\sim 1\,\mathrm{k}\Omega$ に選ばれる。

4.4.5　プルアップとプルダウン

［1］　プルアップ

図 4.22(a) に示すスイッチ入力の場合，スイッチが OFF 状態におけるインバータの入力端子は論理レベルが不確定でハイインピーダンス（抵抗成分が無限大）となり，ノイズによる誤動作を起こしやすい。

このような入力レベルの不確定を避ける方法の 1 つに**プルアップ**（pull-up）

があり，図 4.22(b) のように抵抗 R_H を介して電源 V_{CC} に接続する．この抵抗 R_H を**プルアップ抵抗**（pull-up resistance）といい，スイッチが OFF 状態のとき IC（この例ではインバータ）の入力電圧を電源電圧 V_{CC} 近くまで引き上げ（プルアップ），入力を確実に H レベルとする．図(c)のようにスイッチが ON 状態となると，インバータの入力電圧は 0 V となり，入力は L レベルとなる．

プルアップ抵抗は CMOS，TTL ともに $R_H=10\,\mathrm{k\Omega}$ 程度に選ばれる．この値が著しく大きいと，スイッチ OFF 時の入力インピーダンスが大きくなり，ノイズの影響を受けやすい．また，TTL では R_H を通る入力電流 $I_{IH}=0.02\,\mathrm{mA}$（最大）により入力電圧 V_{IH} が下がり，ノイズマージンが減少する．逆に R_H が著しく小さいと，スイッチを ON にしたときの消費電流 i が大きくなる．一般的なスイッチの場合，ON 状態における接触不良を避けるため接点に $i=1\,\mathrm{mA}$ 程度の電流が流れるように設計することからも，$R_H=10\,\mathrm{k\Omega}$ は妥当である．

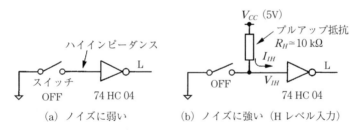

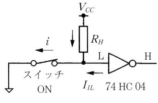

図 4.22 プルアップ

例題 4.3 2 入力 NAND ゲートの 74 HC 00 を用いて，2 個のスイッチが OFF のときに LED が点灯する回路を設計せよ．ただし，電源電圧は $V_{CC}=5\,\mathrm{V}$ とする．

解　答　図4.23に示すように，スイッチOFFの状態でHレベルを確実にするためプルアップを用いる。NANDの2つの入力がHのとき出力がLレベルとなり，シンク電流I_{OL}でLEDが点灯する。74HC00のシンク電流は$I_{OL}=4\,\mathrm{mA}$（最大）であるので，電流制限抵抗は$R=750\,\Omega\sim 1\,\mathrm{k}\Omega$とする。

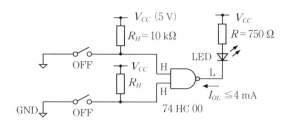

図4.23　2個のスイッチがOFFのときにLEDが点灯する回路

[2] **プルダウン**

プルアップに対して，図4.24(a)のように抵抗R_Lを介して入力端子をGNDに接続する方法を**プルダウン**（pull-down）という。そしてこの抵抗R_Lを**プルダウン抵抗**（pull-down resistance）といい，スイッチがOFFのときIC（この例ではインバータ）の入力電圧をGND電圧（0V）近くまで引き下げ（プルダウン），入力を確実にLレベルとする。図(b)のようにスイッチがON状態となると，インバータの入力はHレベルとなる。プルアップとプルダウンでは，スイッチの一方の接続がGNDとV_{CC}で異なることに注意すべきである。

使用するプルダウン抵抗R_Lの値については，CMOSとLS-TTLでは異なる。

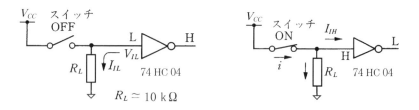

(a) スイッチOFF(Lレベル入力)　　　(b) スイッチON(Hレベル入力)

図4.24　プルダウン抵抗R_L

（a）CMOS の場合　入力電流は H，L レベルともに小さく 1 μA 以下であることから，プルアップ抵抗による入力電圧への影響は少ない。このため，プルアップ抵抗 R_H と同じく $R_L=10\ \mathrm{k\Omega}$ 程度に選ばれる。

（b）LS-TTL の場合　スイッチが OFF 状態において，入力電流が $I_{IL}=0.4\ \mathrm{mA}$（最大）と大きいことから，抵抗値 R_L が大きいと入力電圧 V_{IL} が上昇して L レベルを保持できなくなる問題が生じる。この結果，TTL では一般にプルダウン抵抗が $R_L=330\ \Omega$ 程度に選ばれる。しかし，TTL 回路ではプルダウンよりもプルアップがよく用いられる。これはプルアップのほうがノイズマージンが大きく，スイッチが ON 状態のときの消費電流も小さいことによる。

4.4.6　入力レベルの変換

論理の H レベルの電圧が異なる回路から CMOS 回路へのレベル変換は，**図 4.25** のようにトランジスタのスイッチング作用を利用してできる。コンデンサ C_S はパルスの立上り時間を改善させるためのスピードアップコンデンサで，必要であれば 20～100 pF 程度を用いる。

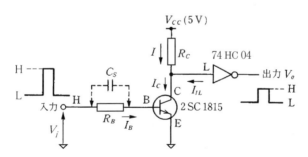

図 4.25　トランジスタによる電圧レベルの変換

4.5　CMOS と TTL のインタフェース

互いに性質の異なる電子回路の間を，電気的にうまく動作するように接続する回路や装置を**インタフェース**（interface）という。CMOS と TTL のよう

に，電気的に性質の異なる素子を接続する場合にもインタフェースが重要である。回路的には，電圧レベルの変換と電流容量の整合が必要である。

4.5.1 TTL による CMOS の駆動

図 4.26 に示すように同じ電源電圧 $V_{CC}=5\,\mathrm{V}$ で，LS-TTL の出力を CMOS の入力につなぐ場合，H レベルの伝達において TTL の最低出力電圧 $V_{OH(\mathrm{min})}=2.7\,\mathrm{V}$ が CMOS の最低入力電圧 $V_{IH(\mathrm{min})}=3.5\,\mathrm{V}$ より 0.8 V 低くなっているので，正確に論理が伝わらない場合が生じる。解決法としては，図に示すように両者の間に**プルアップ抵抗** $R_H=3\sim5\,\mathrm{k\Omega}$ を入れて，TTL 出力の H レベルを電源電圧 V_{CC}（5 V）近くまで引き上げる。

TTL から CMOS を駆動する専用のシリーズも開発されている。74 HCT シリーズは，入力が TTL レベル，出力が CMOS レベルであり，直接 CMOS に接続できる。HCT の"T"は TTL を意味する。また TTL と電源電圧の異なる CMOS とのインタフェースには，4.6.1 項で述べるオープンコレクタ出力の IC が用いられる。

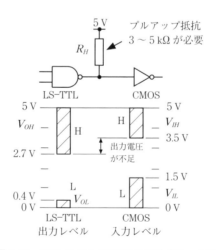

図 4.26　TTL による CMOS の駆動（$V_{CC}=5\,\mathrm{V}$）

4.5.2 CMOSによるTTLの駆動

図 4.27 のように入出力レベルの条件は満足する。ただし，表 4.2 からわかるように 4000 B シリーズの CMOS 出力ピンのシンク電流 I_{OL} は小さく，LS-TTL を 1 個しか駆動できない。このため 4000 B シリーズでは，シンク電流の大きなバッファ（例えば 4049）を途中に入れて TTL をドライブしていた。

しかし，最近の CMOS の 74 HC および 74 AC シリーズでは出力電流が大きくなっており，十分 TTL を駆動できる。

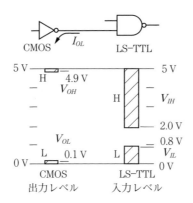

図 4.27 CMOS による TTL の駆動（V_{CC}=5 V）

例題 4.4 電源電圧を 5 V とする 74 HC シリーズの CMOS で LS-TTL を駆動する場合の**ファンアウト**を表 4.2 から求めよ。

解答 74 HC シリーズでは，出力が H レベルのときの出力電流（ソース電流）は最大 I_{OH}=4 mA である。これに対し，H レベルの LS-TTL の入力端子が吸い込む電流は最大 I_{IH}=0.02 mA であることから，H レベルにおけるファンアウトは

$$\frac{I_{OH(\max)}}{I_{IH(\max)}} = \frac{4\,\mathrm{mA}}{0.02\,\mathrm{mA}} = 200 \tag{4.4}$$

と大きい。

しかし，L レベルの論理を伝達する場合は，L レベル出力の 74 HC のシンク電流は最大 I_{OL}=4 mA であるのに対して，L レベルの LS-TTL から流れ出る電流は最大 I_{IL}=0.4 mA である。このため，L レベルのファンアウトは

$$\frac{I_{OL(\max)}}{I_{IL(\max)}} = \frac{4\,\mathrm{mA}}{0.4\,\mathrm{mA}} = 10 \tag{4.5}$$

となる．すなわち，74 HC シリーズの CMOS は最大で 10 個の LS-TTL（正しくは 10 本の信号線）をドライブできることになる．

表 4.3 に CMOS IC のドライブ能力を示す．

表 4.3　CMOS IC のドライブ能力

ファミリ		IC 例	接続する相手	
			LS-TTL	標準 TTL
CMOS	4000 B シリーズ	4011	1	0
		4049（バッファ）	8	1
	74 HC シリーズ	74 HC 04	10	2
TTL	74 LS シリーズ	74 LS 04	20	4

4.6　ゲート IC の特殊機能

ゲート IC には論理的な機能に加えて，特別な機能をもたせたものがある．代表的なものに**オープンコレクタ・ドレイン出力**，**スリーステート出力**および**シュミットトリガ**がある．

4.6.1 オープンコレクタ・ドレイン出力

TTL の出力端は図 4.10 で示したトーテムポール形が多いが，一部では**図 4.28**(a)のような出力回路をもつものがある．npn トランジスタのコレクタに何も接続されておらず，そのまま出力端子になっていることから，**オープンコ**

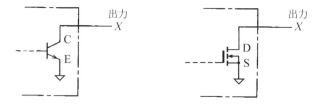

(a)　オープンコレクタ出力 (TTL)　　(b)　オープンドレイン出力 (CMOS)

図 4.28　オープンコレクタとオープンドレイン出力

レクタ出力 (open-collector output) という．CMOS では図(b)に示すように nMOS FET のドレインがそのまま出力となっており，**オープンドレイン** (open-drain) **出力**と呼ばれる．通常のゲートと区別するため，**図 4.29** のように出力付近を塗りつぶして示される．オープンコレクタ・ドレイン出力にはつぎのような特色がある．

(a) インバータ　　(b) NAND

図 4.29　オープンコレクタ・ドレイン出力を示す記号

[1] **プルアップとレベル変換**

オープンコレクタではトランジスタ，オープンドレインでは FET がスイッチの働きをする．スイッチが ON 状態では出力は L レベルとなるが，スイッチ OFF のときは H レベルとならない．このため，論理を伝達するには**図 4.30** に示すように出力をプルアップする必要がある．この場合，プルアップ抵抗が接続される電圧は電源電圧 V_{CC} と同じでなくてもよい．

高耐圧オープンコレクタ IC では，プルアップ抵抗 R_H を TTL の電源電圧 V_{CC} より高い電源電圧 V_{DD} に接続することが可能となる．これにより，出力 X には TTL レベルより高い電圧出力が得られ，TTL 以外の回路も接続できる．

[2] **ドライバ機能**

図 4.30 の抵抗 R_H の代わりに発光ダイオード LED や小電流のリレーなどを接続すると，直接これらを駆動（ドライブ）できる．バッファ/ドライバ IC の

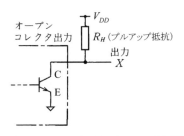

図 4.30　オープンコレクタにおけるプルアップと電圧レベル変換

74 LS 07（バッファ），74 LS 06（インバータ）はオープンコレクタ出力であり，30 V 高耐圧を利用して図 **4.31** に示すように小型リレーをドライブできる（最大シンク電流 40 mA）。ダイオードはリレーコイルに発生する**逆起電力**を吸収して IC を保護するためにあるが，ダイオードの極性を間違えると IC に過大電流が流れて破損するので，注意が必要である。

リレー駆動用に 5 V 電源を用いる場合，リレー動作によるノイズで IC が誤動作するのを避けるため，IC 用の 5 V 電源とは別にするのがよい。

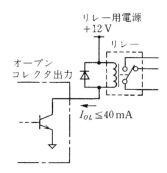

図 4.31 オープンコレクタ出力による小型リレーの駆動

[3] **ワイヤード接続**

通常の TTL や CMOS は複数の出力どうしを接続できないのに対して，オープンコレクタ・ドレイン出力は図 **4.32** に示すように複数の出力端子を共通の外付け（プルアップ）抵抗 R_H を用いて互いに結線できる。これを**ワイヤード**（wired：結線された）**接続**といい，並列接続するだけで OR 出力あるいは AND 出力が得られる機能を総称して**ワイヤード OR**（wired OR）という。

図 4.32 の回路では，各オープンコレクタ IC の出力 A, B が H レベル（"1"），すなわち出力トランジスタがともに OFF 状態のときのみワイヤード出力 X は "H"（"1"）となる。ここで，一つの出力でも "L"（"0"），すなわちトランジスタが ON となると，出力 X は L レベル（"0"）となる。真理値表で確かめられるように，これは AND 回路に相当する。これを負論理で考えると OR 回路となる。

4.6 ゲートICの特殊機能

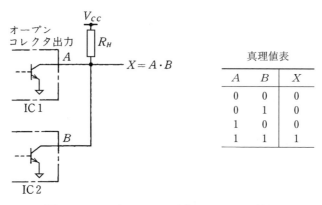

図4.32 オープンコレクタ出力のワイヤード接続

例題4.5 図4.33はオープンコレクタ出力のワイヤード接続を利用した一致回路である。出力Xが"1"("H")となるときのデータAを16進数で示せ。ただしDIP（ディップ）スイッチの設定は右から2番目のみがONとする。

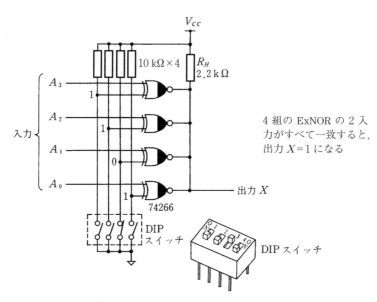

図4.33 ワイヤード接続による一致回路

解　答　ExNORゲートは入力が一致すると出力が"1"となるゲートであり，ここではオープンコレクタ出力のIC（74266）が使われ，ワイヤード接続されている。そのため4組のExNORの2入力がすべて一致すると，ワイヤード出力 X は"1"となる。DIPスイッチによる設定値は $1101_B = D_H$（添字Hは16進数を表す）であるので，入力 $A_3 \sim A_0$ のデータ A が $A = D_H$ のとき出力 $X = 1$ (H) となる。

なお，DIPスイッチは必要なビット数だけ単極スイッチを並べたもので，ディジタル回路における代表的なスイッチである。IC基板上に取り付けられて，この例のようにおもに入力設定用に使われる。

4.6.2　スリーステート出力

[1]　スリーステート出力の特徴

ディジタル回路の出力はHレベルとLレベルの2つの状態のいずれかをとるが，**スリーステート出力**（3ステート出力：three state output）または**トライステート出力**（tri-state output）と呼ばれるものは，そのほかに**ハイインピーダンス**（high impedance）状態，すなわち出力が入力と切り離されて電気的に絶縁状態とすることができる。このため，3ステート出力ICは互いに出力を接続して用いることができる。

図4.34は3ステート出力をもったバッファである**3ステートバッファ**（three state buffer）の回路記号を示す。図(a)はコントロール入力 C がHレベルのとき入力 A の論理がそのまま出力 Y に現れ，コントロール C がLレベルとなると出力 Y はハイインピーダンス状態となる。すなわちつぎのような出力となる。

　$C = H$ のとき $Y = A$（バッファ動作）

　$C = L$ のとき $Y = Z$（ハイインピーダンス状態）

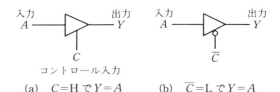

図4.34　3ステートバッファの回路記号

図(b)では，コントロール入力に負論理の小丸がついているので，$\overline{C}=L$ のとき $Y=A$ となり，$\overline{C}=H$ のとき $Y=Z$ となる。**図 4.35** はパッケージ内に 4 回路入った 3 ステートバッファ 74126 のピン配置を示す。

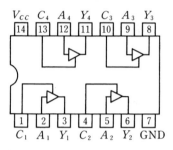

図 4.35　3 ステートバッファ 74126

[2] 3 ステートバッファの応用

例題 4.6　図 4.36(a) に示すように入力 A と B をコントロール入力 C で選択して出力する入力データ切換器を 3 ステートバッファを用いて設計せよ。

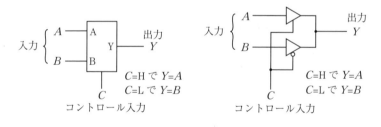

(a)　ブロック図　　　(b)　3 ステートバッファを用いた回路

図 4.36　入力データの切換器

解答　図(b)のようにコントロール入力 C がアクティブハイ (74126) とアクティブロウ (74125) の 3 ステートバッファの出力をつなぐと，出力 Y は $C=H$ のとき $Y=A$，$C=L$ のとき $Y=B$ となる。すなわち入力の切り換えができる。アクティブハイの 3 ステートバッファのみを用いるときは，一方のコントロール入力の前にインバータをつなげばよい。

84   4. ディジタル IC の基礎

図 4.37 は 3 ステートバッファの出力を接続した例で, 1 本の伝送線を用いて複数の互いに独立した信号を**時分割**（time sharing）で送ることができる。すなわち, 各コントロール入力のパルス幅の時間 t_A, t_B, t_C だけ各ゲートはバッファ動作をして, 信号 A, B, C を時間的に分割して伝送線へ出力する。

また, 3 ステートバッファはマイクロコンピュータの**バスライン**（bus line）へ信号を出力するための**バスバッファ**（bus buffer）などに用いられる。

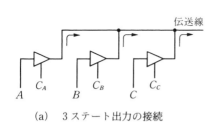 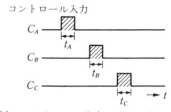

(a) 3 ステート出力の接続　　　　(b) コントロール入力のタイムチャート

図 4.37　時分割による伝送線への出力

4.6.3　シュミットトリガ

[1]　シュミットトリガの効果

ディジタル IC の論理レベルは H, L レベルの 2 つの領域に分かれるが, 実際にはその間に境目となるスレッショルド電圧が存在し, この付近では回路は不安定で, 論理は不確定となる。**シュミットトリガ**（Schmitt trigger）と呼ばれる回路は, 2 つのスレッショルド電圧をもち, **波形整形回路**（waveform shaping circuit）とも呼ばれる。

図 4.38(a), (b)にインバータを例にとって説明する。図(a)に示す一般のインバータ（例えば 7404）で入力電圧がゆるやかに変化する場合, 入力波形に含まれるノイズによりスレッショルド電圧 V_T 近くで出力信号にばたつき（チャタリング）が現れる。この現象はカウンタなどで誤動作の原因となる。

この問題を解決するのが図(b)に示すシュミットトリガのインバータ（例えば 7414）であり, ゲート記号内にシュミットトリガ入力を示す記号（⌷）が書かれる。入力電圧が立上るときのスレッショルド電圧 V_{TP} と, 立下るとき

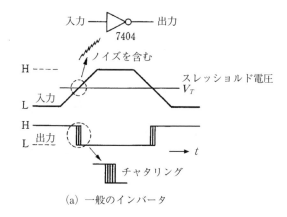

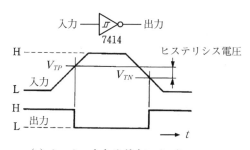

図 4.38 ゆっくりと変化する入力信号に対するシュミットトリガの特性

のスレッショルド電圧 V_{TN} が異なる値をとる**ヒステリシス**（hysteresis：**履歴**）特性をもつため，出力が一度"H"または"L"に反転してしまえば，入力波形にノイズが加わったとしても，それがヒステリシス幅の電圧（$V_{TP}-V_{TN}$）以内の振幅であれば，出力はノイズの影響を受けない．このため，波形を整形してノイズに強いゲートを実現できることになる．

シュミットトリガは入力電圧がゆっくりと変化する場合のほか，なまった波形の波形整形や交流波形をパルス波形に変換する場合には特に有効である．**図4.39**はシュミットトリガの有無による出力波形の違いを示したものである．ヒステリシス電圧のためひずんだ波形も整形されることがわかる．専用のシュ

86   4. ディジタルICの基礎

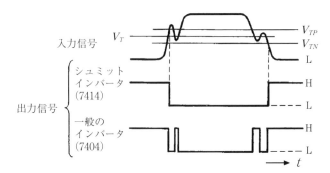

図 4.39　シュミットトリガによる波形整形

ミットトリガICとしては7414（インバータ×6）や74132（2入力 NAND ×4）などがあり，ピン配置は図4.5(a), (b)で示した一般ゲートと同じである。その他，入力にシュミットトリガをもつICも数多い。

[2] 一般ゲートを用いたシュミット回路

専用のシュミットトリガを用いなくても，一般ゲートの組合せで**シュミット回路**をつくることができる。入力電流がきわめて小さいCMOSでは**図4.40**(a)に示すようにインバータ2個と抵抗2本でつくることができる。

原理としては，入力電圧が"L"から増加してスレッショルド電圧 V_{TP} を越すと IC_1 の出力は"L"となり，次段の IC_2 の出力は"H"となる。このときの IC_2 の出力電圧が抵抗 R_2 経由でフィードバックされ，IC_1 の入力が引き上げられることによってヒステリシスが生じる。ヒステリシスの大きさは図(b)に示すように2本の抵抗の比 R_2/R_1 で変えことができる。

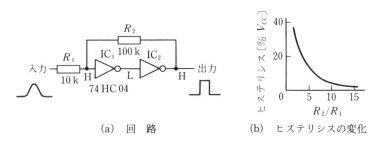

(a) 回　路　　　　(b) ヒステリシスの変化

図 4.40　CMOSゲートを用いたシュミット回路

[3] シュミットトリガの応用

例題 4.7 図 4.41(a)のように RC 積分回路にシュミットトリガを接続すると，パルス遅延回路となることをタイムチャートで示せ．また，論理レベルに影響を及ぼさない抵抗 R の範囲を求めよ．

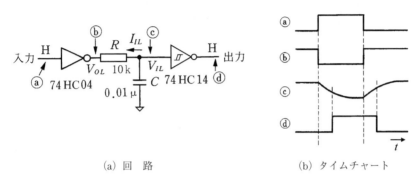

(a) 回　路　　　　　　(b) タイムチャート

図 4.41　パルス遅延回路

解　答　図 4.41(b)に示すように，RC 積分回路でなまった波形ⓒがシュミットトリガで波形整形されると，入力パルスⓐより遅れた信号ⓓとなる．

IC の入力部に大きな抵抗を入れると，L レベルのノイズマージンは入力電流 I_{IL} による電圧降下分だけ減少する．CMOS（74 HC 14）の入力電流は極めて小さく $I_{IL}=1\,\mu\text{A}$（最大）であるが，ノイズマージン 1.4 V の半分まで許容すると，抵抗 $R=0.7\,\text{V}/1\,\mu\text{A}=700\,\text{k}\Omega$ 程度に制限される．また，耐ノイズ性で入力インピーダンスを抑えることからも，大きな抵抗は避けたほうがよい．なお，LS-TTL では，入力電流が $I_{IL}=0.4\,\text{mA}$（最大）と大きく，ノイズマージンも 0.4 V（L レベル）と小さいことから，$R=500\,\Omega$ 程度に制限される．

演習問題

【1】つぎの用語について説明せよ．
　　(a) ノイズマージン　　(b) TTL コンパチブル　　(c) ファンアウト
【2】TTL に対する CMOS の優位性を述べよ．
【3】つぎの IC の余った入力端子をそのまま（オープン）にしておくと，どうなるか．

(1) TTL の場合
(2) CMOS の場合

【4】 TTL 回路の設計で，L レベルの信号に意味をもたせてアクティブロウとする負論理が多く使われる理由を説明せよ．

【5】 図 4.16(a) のオープンコレクタ出力に接続された LED 側の電源電圧を $V_{DD}=12\,\mathrm{V}$ とするとき，電流制限抵抗 R の値を求めよ．

【6】 ソース電流とシンク電流の記号と流れる方向について説明せよ．

【7】 TTL 回路において，プルダウンよりもプルアップがよく用いられる理由を説明せよ．

【8】 IC の出力がオープンドレインまたはオープンコレクタのとき，論理を正しく伝えるにはどのようにすべきか述べよ．

【9】 図 4.42 に示すような 4 ビットのデータ A と B をコントロール信号 C で選択して出力する回路を作りたい．3 ステートバッファを用いて設計せよ．

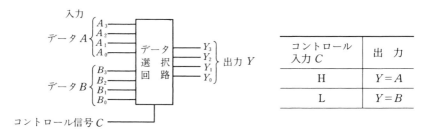

図 4.42　4 ビットデータの切換え

【10】 シュミットトリガを用いるおもな目的を述べよ．

5 ディジタル回路の応用

3章および4章でみてきた基本的な論理ゲートを組み合わせることで，高機能なディジタル回路を構成することができる。これらは内部の回路を詳細に示すことなく，機能を増したブラックボックスとして利用される。

5.1 フリップフロップ（FF）

フリップフロップ（FF：flip-flop）とは子供達が遊ぶシーソーやよろい戸の「バタンバタン」の意味であり，2つの出力 $Q, \overline{Q}$ は外から与えられた入力条件によりどちらか一方が"1"であれば他方は"0"となる反転した信号を出す。そしてつぎの新しい入力条件が与えられるまで，その状態を記憶保持する。

5.1.1 RSフリップフロップ（RS-FF）
［1］ ゲートによるRSフリップフロップ

RSフリップフロップ（略してRS-FF）は**セット**（set）**入力** S，**リセット**（reset）**入力** R によって状態が決められ，その状態を保持する。**図5.1**(a)はNANDゲートを2個使用したRS-FFの回路を示す。回路図から入力 $\overline{S}, \overline{R}$ の"0"（Lレベル）信号が出力 Q に対してそれぞれセット（$Q=1$），リセット（$Q=0$）となることが理解できる。ここで入力 $\overline{S}, \overline{R}$ はLレベル信号が意味をもつアクティブロウ（L）の負論理動作のため，それぞれ信号名の上にバー（—）が付けられる。

90　5. ディジタル回路の応用

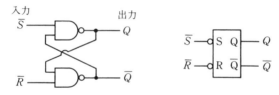

　　(a)　NANDゲートによるRS-FF　　(b)　RS-FFの論理記号

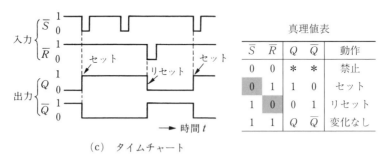

(c)　タイムチャート

図5.1　RSフリップフロップ

　図(b)はRS-FF（厳密には$\overline{RS}$-FFとも書かれる）の論理記号であり，負論理入力の端子には小さい○印を付ける。フリップフロップにおいて出力$\overline{Q}$は常に出力Qと反対のレベルを出力する。入力$\overline{S},\overline{R}$を同時に"0"とすることは禁止される。

　例題 5.1　図5.1(a)のRS-FFの入力$\overline{S}$，$\overline{R}$が図(c)のように変化するとき，出力Qおよび$\overline{Q}$の状態をタイムチャートで示せ。

　解　答　一度セット入力$\overline{S}=0$とすると，出力Qがセット状態$Q=1$（したがって$\overline{Q}=0$）になり，その後は$\overline{S}$の状態にかかわらずこの状態が記憶保持される。リセット入力$\overline{R}=0$とすると，出力Qがリセットされて$Q=0$（$\overline{Q}=1$）になる。このようにフリップフロップの出力Qはセット時に$Q=1$，リセット時に$Q=0$となる。

　例題 5.2　図5.1(a)に示したRS-FF用いて，2個の押しボタンスイッチにより起動と停止を行う回路を設計せよ。

　解　答　図5.2に示す回路で起動スイッチを押すと，セット入力$\overline{S}=L(0)$となり，出力Qがセット状態$Q=H(1)$になる。その後はスイッチから手を離してもこの状態が記憶保持される。停止スイッチが押されると，リセット入力$\overline{R}=L(0)$とな

5.1 フリップフロップ (FF)　　91

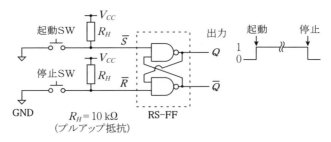

図 5.2　RS-FF による起動・停止回路

り，出力 Q がリセットされて $Q=L(0)$ になる。このことから起動・停止回路が構成できる。ただし，電源投入時には一度リセットしておく必要がある。

[2]　チャタリング防止回路

図 5.3 のようにスイッチ，リレーなどの機械的接点を切り換えたとき，接点が数 ms 程度振動して開閉を繰り返す現象を**チャタリング** (chattering) という。この過渡的な接点バウンド現象は，不規則なパルスを発生させることからディジタル回路において誤動作の原因となる。特にスイッチの入力回数を数えるときはこのチャタリングを防止する必要がある。

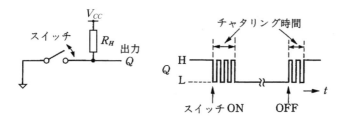

図 5.3　スイッチのチャタリング現象

RS-FF を図 5.4 のように用いると，スイッチのチャタリングを防止できる。これはスイッチを ON にして接点 S のレベルがひとたび "0" となると，スイッチがバウンドしても出力 Q は "1" のままとなることによる。スイッチは 3 端子のものを使用し，プルアップ抵抗 R_H（＝10 kΩ 程度）を接続する。

92   5. ディジタル回路の応用

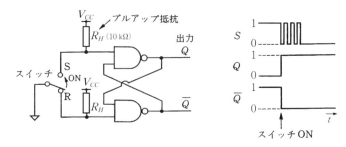

図 5.4　チャタリング防止回路

5.1.2　D フリップフロップ（D-FF）

[１]　D-FF の機能

入力データをクロックに同期して出力するには **D フリップフロップ**（D-FF）を用いる。**図 5.5** に基本的な D-FF の論理記号とその動作を示す。入力 D のデータ（"0" か "1" か）はクロックパルス CK の立上り（↑）に同期して出力 Q に出力（記憶）される。入力のデータがクロックによって遅れて出力されるという意味で，D（delay）フリップフロップと呼ばれる。クロック入力端子の三角の記号はクロックの立上り（**アップエッジ**：up edge）の瞬間にのみ動作することを意味する。出力はつぎのクロックパルスまで記憶保持される。出力 $\overline{Q}$ は Q の反転出力である。

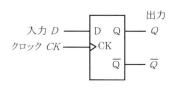

(a)　論理記号　　　　　　(b)　動作論理表

図 5.5　D フリップフロップ

図 5.6 に示す 74 HC 74 は，パッケージ内に D-FF を 2 個もつ。この D-FF は**クリア**（clear）**入力 CLR** と**プリセット**（preset）**入力 PR** をもっており，RS-FF として使うこともできる。この 2 つの入力は，それぞれ小さい○印が

5.1 フリップフロップ（FF） 93

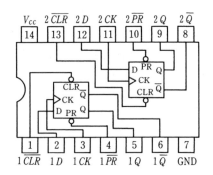

図 5.6　74 HC 74（D-FF）のピン配置

付いており，負論理入力のアクティブ L であるため，信号名の上にバーを付けて $\overline{CLR}$, $\overline{PR}$ と表す。クリア入力 $\overline{CLR}=0$ とすると優先的に出力 Q がクリア，すなわちリセットされて $Q=0$（したがって $\overline{Q}=1$）になり，プリセット入力 $\overline{PR}=0$ とすると出力 Q がセット状態 $Q=1$（$\overline{Q}=0$）になる。したがって，クリアとプリセット入力を同時に"0"とすることは禁止される。クリア入力 $\overline{CLR}$ とプリセット入力 $\overline{PR}$ を使用しない場合は電源 V_{CC} につないで（プルアップして）おく。

　ディジタル回路では，一般に出力を"1"（H レベル）にする入力をセット（S）またはプリセット（PR）で表し，出力を"0"（L レベル）にする入力をリセット（R）またはクリア（CLR）で表す。

　例題 5.3　図 5.7 に示すクロック CK と入力 D を図 5.5(a) の D-FF に加えたとき，出力 Q をタイムチャートで示せ。ただし出力 Q は前もって一度クリアされており，$Q=0$ であるとする。

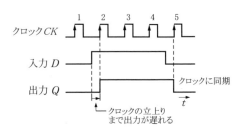

図 5.7　D-FF のタイムチャート

解 答 図に示すように2回目のクロックのアップエッジ（立上り）のとき入力は$D=1$であるので，これに同期して出力$Q=1$となる。3回目，4回目のクロックのアップエッジにおいても入力は$D=1$であるので，そのまま状態は保持される。5回目のクロックのアップエッジでは$D=0$であるので，この瞬間$Q=0$に立下る。この結果，出力Qはクロックに同期した信号となる。

[2] 入力信号の形態

クロックやゲートの入力信号の形態は**図 5.8**(a)～(d)のように書き分けられる。図(a),(b)はそれぞれ信号のHレベル，Lレベルのときに動作するもので**レベル動作**と呼ばれ，図(a)はアクティブH，図(b)はアクティブLであることを表す。

これに対し，クロックパルスの立上り，または立下りの瞬間にのみ動作することを**エッジトリガ動作**（edge triggering）と呼び，図(c),(d)に示すような三角の記号（▷）を入力端子に付けて表す。図(c)は**アップエッジトリガ**（up edge trigger）またはポジティブ（positive）エッジトリガといい，図(d)は**ダウンエッジトリガ**（down edge trigger）またはネガティブ（negative）エッジトリガという。

D-FFでは**図 5.9**(a),(b)に示すようにアップエッジトリガ形とダウンエッ

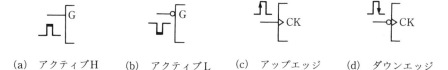

(a) アクティブH　　(b) アクティブL　　(c) アップエッジトリガ　　(d) ダウンエッジトリガ

図 5.8　入力信号の形態

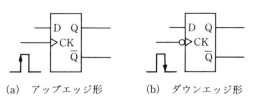

(a) アップエッジ形　　(b) ダウンエッジ形

図 5.9　D-FFのエッジトリガの形態

ジトリガ形がある。このようなフリップフロップを**同期式フリップフロップ**(synchronous flip-flop) という。

[3] **クロックに同期したパルスエッジの検出**

入力信号のアップエッジやダウンエッジを検出したい場合，図5.10(a)のように D-FF を2個直列に接続すると，クロックに同期した検出信号を得ることができる。

例題 5.4 図5.10(a)の回路に図(b)に示す入力信号 D とクロック CK が

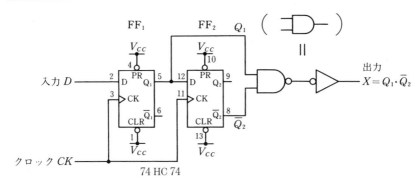

(a) 構成回路

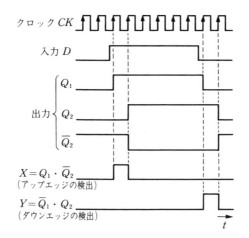

(b) タイムチャート

図 5.10 クロックに同期したパルスエッジの検出

加えられたときの出力 X の状態をタイムチャートで示せ。

【解　答】 D-FF（74HC74）では，入力 D はクロックパルス CK の立上りに同期して出力 Q に現れる。このため初段の FF_1 の出力 Q_1 は，入力 D が $D=1$ となるとクロックに同期して $Q_1=1$ となる。これを後段の FF_2 の入力信号とすると，出力 Q_2 は図 5.10(b) の下段に示すように出力 Q_1 より 1 クロック遅れたものとなる。そこで 2 つの信号 Q_1 と $\overline{Q_2}$（Q_2 の反転出力）の AND をとると，出力 $X=Q_1 \cdot \overline{Q_2}$ には 1 クロック分のパルスが生じる。これは入力信号のアップエッジをクロックに同期して検出するパルスとなる。また，入力信号のダウンエッジをクロックに同期して検出するパルスは $Y=\overline{Q_1} \cdot Q_2$ で得られる。

このようにクロックに同期してパルスエッジを検出することは，システムのスタート信号やストップ信号としてよく用いられる。

5.1.3　JK フリップフロップ（JK-FF）

[1]　JK-FF の機能

図 5.11 は基本的な JK-FF の論理記号とその動作を示す。この JK-FF はダウンエッジトリガ形で，入力 J，K の組合せにより，クロック入力 CK のダウンエッジに同期して出力 Q が決まる。

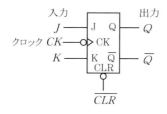

クロック CK	入力 J	K	出力 Q	動　作
⌐_	0	0	Q	変化なし
	0	1	0	リセット
	1	0	1	セット
	1	1	$\overline{Q}$	反　転

(a)　論理記号　　　　　　　　(b)　動作論理表

図 5.11　JK フリップフロップ

すなわち，$J=1$，$K=0$ のときはクロックパルス CK のダウンエッジで出力 $Q=1$（セット）になり，$J=0$，$K=1$ のときは CK のダウンエッジで $Q=0$（リセット）になる。$J=K=1$ のときは，CK の立下りがあるたびに出力 Q は反転する。$J=K=0$ のときはクロックによって出力 Q は変化しない（ホールドする）。

クリア入力で $\overline{CLR}=0$ とすると，優先的に出力はクリアされて $Q=0$ ($\overline{Q}=1$) になる。クリア入力を使用しない場合は電源 V_{cc} にプルアップしておく。出力 $\overline{Q}$ が常に出力 Q と反対のレベルを出力することは，すべてのフリップフロップで共通である。

図 5.12 は代表的な JK-FF として 74 HC 107 のピン配置を示す。この IC はパッケージ内にダウンエッジトリガ形の JK-FF を 2 回路もつ。

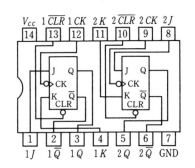

図 5.12　74 HC 107 (JK-FF) のピン配置

[2] JK-FF による一時記憶回路

JK-FF はデータの一次記憶回路に利用される。

例題 5.5　図 5.13(a) のように接続した JK-FF のクロック入力にパルス信号 D を加えたときの出力 Q の状態をタイムチャートで示せ。ただし，フリップフロップの出力はあらかじめクリアされているものとする。

解　答　J 入力は電源 V_{cc} にプルアップされており，パルス信号 D が入る前の状態では，$Q=0$, $\overline{Q}=1$ のため $J=K=1$ である。この状態でパルス信号 D が入ると，そのダウンエッジで出力は反転して $Q=1$, $\overline{Q}=0$ となる。ここで出力 $\overline{Q}$ につな

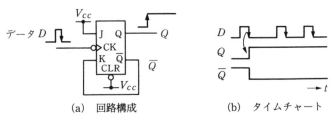

(a)　回路構成　　　(b)　タイムチャート

図 5.13　JK-FF による記憶回路

がれた K 入力は $K=0$ となる。したがって，$J=1$，$K=0$ となった以後の出力はつぎのパルスがきても影響を受けない。すなわち，図 5.13(b) に示すタイムチャートのように，最初のパルスデータは記憶される。この回路はデータの**一時記憶**となり，$\overline{CLR}=0$ とするとデータはクリア（$Q=0$）される。

5.1.4　フリップフロップの変換

JK-FF は以下に示すように各種のフリップフロップに変換できることから，応用範囲も広く，万能 FF として多く使われている。

［1］　T-FF への変換

クロックが入るたびに出力が反転するエッジトリガ形のフリップフロップを **T フリップフロップ（T-FF）** と呼ぶ。T はトグル（toggle：留め棒）を意味する。これは**図 5.14**(a) に示すように，JK-FF の J，K 入力を $J=K=1$ とすることで得られ，クロック CK の立下り（"↓"）があるたびに出力 Q は反転する。図(b)のタイムチャートからわかるようにクロックパルス 2 個で 1 個のパルスを出力することから，入力パルスの数を 2 進数で数える**カウンタ**として動作する。

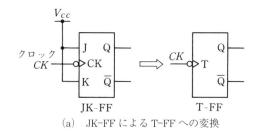

(a)　JK-FF による T-FF への変換

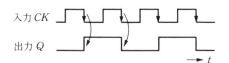

(b)　T-FF の動作タイムチャート

図 5.14　T フリップフロップ

[2] D-FF への変換

図 5.15 のように JK-FF の入力の一方にインバータを接続すると，J，K 入力は $J=1$，$K=0$ および $J=0$，$K=1$ の組合せのみとなることから，J 入力を D 入力として D-FF に変換できる。

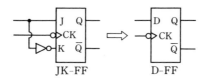

図 5.15　JK-FF による D-FF への変換

以上述べた各種の FF を組合せると，つぎに述べるレジスタやカウンタなどが構成できる。

5.2　レジスタ

レジスタ (register) とは，一時的にデータを記憶しておく回路で，フリップフロップによって構成される。レジスタには**ラッチ**と**シフトレジスタ**がある。

5.2.1　ラ　ッ　チ

[1] ラッチの機能

図 5.16 に**ラッチ** (latch：さし錠) の論理記号とその動作を示す。論理記号は D フリップフロップから入力のエッジ動作を示す三角の記号を省いたものである。D-FF はクロックのエッジに同期して出力が変化したが，ラッチはゲート G が $G=$H で開いている間は，入力 D がそのまま出力 Q に現れ $Q=D$ となる。しかし，ゲートが $G=$L で閉じると，その直前のデータ Q_n がラッチ (固定) されて $Q=Q_n$ で記憶される。そしてつぎにゲートが開くまで，駅の改札口でラッチ (さし錠) を閉めたように入力 D の変化に無関係となる。このような動作をラッチ動作という。この場合のラッチは **D ラッチ**または**データラッチ** (data latch) ともいわれ，データの一時的記憶を行う。

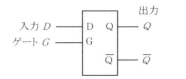

(a) 論理記号 　　　　　　　(b) 動作論理表

図 5.16 ラッチ

例題 5.6　図 5.16 のラッチの入力 D とゲート信号 G が**図 5.17** のように変化するとき，出力 Q の状態をタイムチャートで示せ。

解答　ゲートが $G=$H の期間は，入力 D がそのまま出力 Q に現れ，$Q=D$ となる。ゲートが $G=$L となると，その直前のデータ Q_n がラッチされて，$G=$L の間 $Q=Q_n$ で記憶されるため，出力 Q のタイムチャートは図 5.17 の下段のようになる。

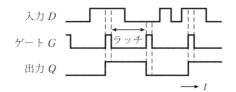

図 5.17 ラッチのタイムチャート

[2] ラッチ IC

図 5.18(a)はラッチ IC の 74 HC 375 を用いた 4 ビット信号のラッチ回路を示す。74 HC 375 のパッケージ内にある 4 個の D ラッチを並列にならべ，$\overline{LATCH}$ 信号により同時にラッチがかかるようにすると，たえず変化するデータ信号をある一定間隔で固定して，表示器で状態を見たり，コンピュータに入力したりすることができる。$\overline{LATCH}=$L の期間中データはラッチ（保持）される。回路図ではラッチは簡略化されて図(b)のように書かれる。

5.2 レジスタ

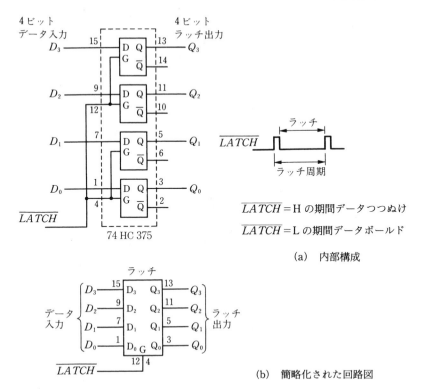

図 5.18 74 HC 375 による 4 ビットラッチ回路

5.2.2 シフトレジスタ

クロックが入るたびにデータを記憶素子上で 1 つずつ移動させていく方式のレジスタを**シフトレジスタ**（shift register）という。シフトレジスタは，データの時間的な**直列**（**シリアル**：serial）-**並列**（**パラレル**：parallel）の変換に欠くことのできないものである。

[1] シフトレジスタの原理

例題 5.7 図 5.19(a) は D-FF を 4 個直列に接続した 4 ビットシフトレジスタを示す。これに 4 ビットデータ $D=1100_B$ を MSB（最上位ビット）より直列に入力したとき，クロックに対応した各フリップフロップの出力 $Q_A \sim Q_D$ の変化をタイムチャートで示し，この回路の動作を説明せよ。

解　答 図(b)に示すように最初のクロック 1 のアップエッジで入力データ $D=1$

(MSB) がフリップフロップ FF$_1$ に記憶され，出力 $Q_A=1$ となる。クロック 2 の立上りでは出力 Q_A が FF$_2$ に読み込まれ，出力 $Q_B=1$ となる。同様にクロック 3，クロック 4 の立上りで Q_C，Q_D とデータが移動して記憶されていく。このようにシフトレジスタでは記憶したデータを 1 ビット分ずつシフトして取り出すことが可能となる。そして 4 ビットシフトレジスタでは，4 クロック後の出力 $Q_DQ_CQ_BQ_A=1100$ は直列に入った D 入力を並列に変換した出力となる。

この例のように，入力された直列データをフリップフロップのビット数だけシフトした後，全 FF の出力から並列データを取り出す方法は**直列入力・並列出力**（serial-in parallel-out）と呼ばれる。また，この例のようにデータが順次右方向に移動する場合を**右シフトレジスタ**（shift-right register）といい，逆に左方向へ移動する場合を**左シフトレジスタ**（shift-left register）と呼ぶ。

最終段の出力 Q_D に注目すると，データ D がフリップフロップのビット数だけ遅れて出力されることから，シフトレジスタは**直列入力・直列出力**（データ遅延）の機能も備えている。

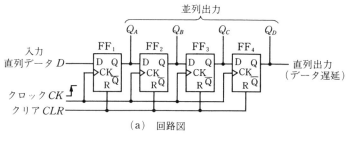

(a) 回路図

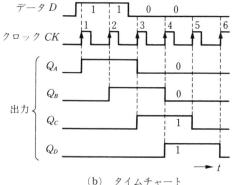

(b) タイムチャート

図 5.19 D-FF による 4 ビットシフトレジスタ（直列入力）

5.2 レジスタ

[2] シフトレジスタIC

(a) 直列入力・並列出力シフトレジスタ　基本的な8ビット直列入力・並列出力シフトレジスタ（右シフト）として74164がある。図5.20(a), (b)は74164の記号とその動作を示す。データを離れた場所に伝送する場合，シリアルデータは信号線の数が少なくて都合がよい。8ビットのシリアルデータを8ビットシフトレジスタに入力させると，8個のクロックパルスごとにクロックに同期してパラレルデータ Q_A～Q_H が取り出せる。直列データをMSB（最上位ビット）から入力する場合は，出力 Q_H がMSBとなる。逆に，直列データをLSB（最下位ビット）から入力すると，出力 Q_H がLSBとなる。TTLの74LS164とCMOSの74HC164があり，機能は同じである。

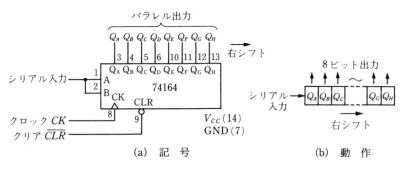

図5.20　8ビットシフトレジスタ74164（直列入力・並列出力）

(b) 並列入力・直列出力シフトレジスタ　上記(a)とは逆に並列データを時間的な直列データに変換することも必要である。8ビット並列入力・直列出力シフトレジスタとして図5.21に示す74165がある。内部は8個のRS-FFで構成され，1番ピンの**シフト/ロード**（serial shift/parallel load）入力を"L"とするとパラレルデータ A～H がレジスタに書き込まれ（ロードという），"H"とするとクロック CK に同期してロードされたデータ A～H が右シフトし，データ H から順に出力端子 Q_H より直列に出力される。15番ピンの**クロックインヒビット**（clock inhibit[†]）入力 CI を"H"とすると，クロック CK は無効となってデータは保持される。シフト動作をさせるときは CI=L とする。

[†]　inhibit：禁止する。

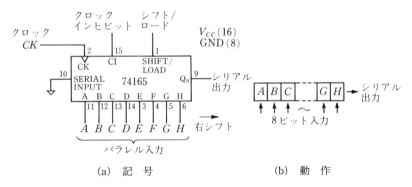

図 5.21　8ビットシフトレジスタ 74165（並列入力・直列出力）

5.3　カウンタ

複数個のフリップフロップ（FF）で構成され，入力パルスの個数を数えて記憶する回路を**カウンタ**（counter）という。カウンタはディジタル回路の代表的素子であり，周波数の分周，タイマなどにも使用されて非常に応用範囲が広い。

5.3.1　バイナリカウンタ

2進数に基づくカウンタを総称して**バイナリカウンタ**（binary counter）という。

[1]　バイナリカウンタの原理

　例題 5.8　図 5.22(a)は T-FF を直列に 3 個接続し，前段出力を次段の入力へ加えた回路である。クロックパルス CK に対する各フリップフロップの出力 Q_A, Q_B, Q_C の変化をタイムチャートで示し，この回路の動作を説明せよ。

　解答　T-FF はクロックパルス CK の立下りがあるたびに出力が反転するフリップフロップである。このため，出力 Q_A, Q_B, Q_C は各 FF の入力の立下りで反転し，タイムチャートは図 5.22(b)のようになる。各 FF は入力パルス 2 個で 1 個のパルスを出力することから，出力 Q_A を LSB，出力 Q_C を MSB として論理表を表す

5.3 カウンタ

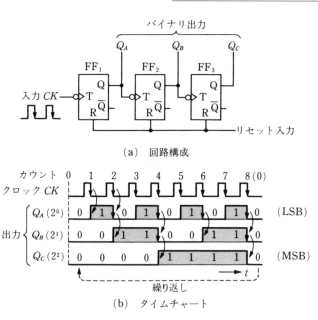

(a) 回路構成

(b) タイムチャート

図 5.22 3 ビットバイナリカウンタ（非同期 8 進カウンタ）

表 5.1 8 進カウンタの論理表

パルス の計数	出 力		
	Q_C (2^2)	Q_B (2^1)	Q_A (2^0)
0	0	0	0
1	0	0	1
2	0	1	0
3	0	1	1
4	1	0	0
5	1	0	1
6	1	1	0
7	1	1	1
(8)	0	0	0

と表 5.1 のようになる。出力 Q_C, Q_B, Q_A のビットがそれぞれ 2^2, 2^1, 2^0 の重みをもつことから，2 進数 $000_B = 0$ よりクロックパルス CK のカウントを始めて，$111_B = 7$ となった後につぎのパルスを数えると，また 000_B に戻る **8 進カウンタ**（3 ビットバイナリカウンタ）となることがわかる。

バイナリカウンタでは，n 個の T-FF が接続されると，2^n カウンタとなる。このとき出力は LSB より順に Q_A, Q_B, Q_C, Q_D, ……と付けられ，各ビットの重みは 2^0, 2^1, 2^2, 2^3, ……となる。

[2] 非同期カウンタ

図 5.22 で見たように前段のフリップフロップの出力を後段の入力信号として各 FF がつぎつぎに動作する方式のカウンタを **非同期カウンタ**（asynchronous counter）という。または，さざ波が伝わっていく現象になぞらえて，**リプルカウンタ**（ripple counter）とも呼ばれる。

図 5.23(a) は 4 ビット非同期バイナリカウンタ IC の 74293 の内部構成を示す。これは 2 進部分と 8 進部分に分かれており，2 進部分の出力 Q_A を入力 B に接続することで 4 ビットバイナリ（16 進）カウンタになる。$R_{0(1)}$, $R_{0(2)}$ は

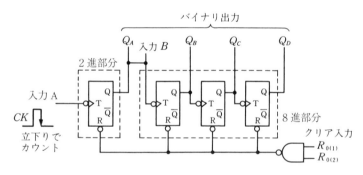

(a) 内部構成

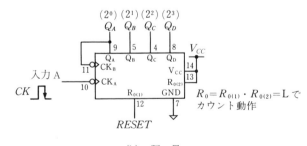

(b) 記号

図 5.23 4 ビット非同期バイナリカウンタ 74293

クリア入力端子であり，ともに"H"として$R_0=R_{0(1)} \cdot R_{0(2)}=$H とすると出力 $Q_A \sim Q_D$ はリセットされてすべて"L"となる．このため，パルスのカウント時は $R_{0(1)}$, $R_{0(2)}$ の少なくとも一方を"L"としておく．

回路図では，図(b)のように長方形にそれぞれの端子を書き込んで表す．2つのクリア端子のうち1つを $R_{0(2)}=$H としておくと，$R_{0(1)}$ のみでリセット入力 RESET となる．

非同期カウンタは回路構成が簡単であるが，**図5.24** のタイムチャートで示すように各 FF の動作には一定な時間的遅れ t_p が生じるため，FF の後段になるほど初段のクロック入力の変化に対して時間遅れが大きくなる欠点をもつ．また各 FF の出力をゲート回路に通して信号とする場合，図に示すように回路によっては同期のずれ（時間差）のため**ハザード**（hazard）と呼ばれる不要な細かいパルスが発生することに注意しなければならない．このハザードはディジタル回路において誤動作を招くことがある．

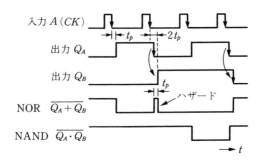

図 5.24 非同期カウンタの動作遅れとハザードの発生

[3] 同期カウンタ

一方，**図5.25**(a)のようにフリップフロップが入力線に対して並列に接続され，クロックに同期して各 FF が同時に動作するカウンタを**同期カウンタ**（synchronous counter）という．これは JK-FF を使用した4ビット同期バイナリカウンタで，前段出力の AND をとって次段の J, K 入力へ加えることによって同期をとっている．すなわち，前段出力がすべて"1"のとき（桁上がり前）においてのみ $J=K=1$ となり，クロック CK の立下りで出力 Q が反転

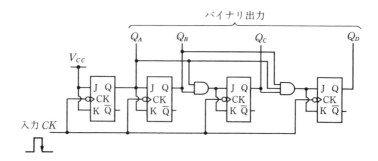

(a) 回路構成

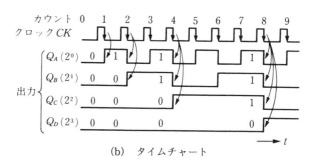

(b) タイムチャート

図 5.25 JK-FF による 4 ビット同期バイナリカウンタ

する。このため，クロック CK に対するカウンタ出力 Q_A〜Q_D のタイムチャートは図 (b) のようになる。各出力はすべて CK の立下りに同期して変化するため，図 5.24 で見たようなハザード発生のおそれもない。

4 ビット同期バイナリカウンタでは，代表的な IC として 74161，74163 がある。74161 はクリア動作がクロックに非同期であるのに対し，74163 はクロックに同期して行われる。これらの IC は同じピン配置で，それぞれ LS シリーズ（TTL），HC シリーズ（CMOS）がある。

[4] アップカウンタとダウンカウンタ

カウンタは通常入力パルスの数が増えると出力数値も 1 ずつ増える**アップカウンタ**（up-counter）を指す。一方，パルス数の増加に対して出力数値が 1 ずつ減少するカウンタは**ダウンカウンタ**（down-counter）と呼ばれる。アップとダウンの切換えができる**同期アップダウン**（up/down）カウンタ IC に

74169（4 ビットバイナリ）などがある．

5.3.2　10 進カウンタ

[1]　10 進カウンタの原理

図 5.26(a) は 4 個の T-FF と AND ゲートからなる **10 進カウンタ**（decade counter：**ディケードカウンタ**）を示す．出力 Q_D, Q_C, Q_B, Q_A のビットはそれぞれ 2^3, 2^2, 2^1, 2^0 の重みをもつ．しかし，上述のバイナリカウンタと異なり，カウント値が $1010_B = 10$ になった瞬間に AND ゲートの出力は "1" となり，全部の FF はリセットされて $0000_B = 0$ になる．したがって，カウント値は 0 から 9 までを繰り返す 10 進カウンタ（非同期）となる．

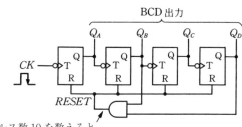

(a)　回路構成

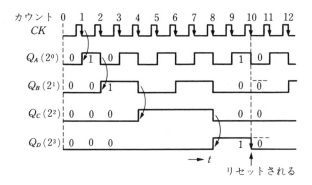

(b)　タイムチャート

図 5.26　10 進カウンタの原理

図 5.26(b) は 10 進カウンタの動作をタイムチャートで示す。入力パルス数はパルスの立下りで計数され，カウント 9 まではバイナリカウンタと同じ動作をするが，10 個目のパルスの立下りでリセットがかかり，出力は $Q_D Q_C Q_B Q_A = 0000$ となる。すなわち，出力 $Q_A \sim Q_D$ は**表 5.2** の論理表が示すように **BCD コード**で出力される。BCD コードは，2.3.1 項でみたように 2 進数の 4 ビットを単位として 10 進数の 0~9 の数字を表すようにした 2 進化 10 進数であり，10 進カウンタは **BCD カウンタ**（BCD counter）とも呼ばれる。

一般に N 進カウンタは，バイナリカウンタをもとに，計数が N になった瞬間に各 FF をリセットする方法によってつくることができる。

表 5.2 10 進カウンタの BCD 論理表

パルスの計数	BCD 出力			
	Q_D (2^3)	Q_C (2^2)	Q_B (2^1)	Q_A (2^0)
0	0	0	0	0
1	0	0	0	1
2	0	0	1	0
3	0	0	1	1
4	0	1	0	0
5	0	1	0	1
6	0	1	1	0
7	0	1	1	1
8	1	0	0	0
9	1	0	0	1
(10)	1	0	1	0

"1010" になった瞬間 "0000" にリセット

[2] 10 進カウンタ IC

図 5.27 は非同期 10 進カウンタ 74 HC 390 のピン配置を示す。パッケージ内に 2 回路もつことからデュアル BCD カウンタとも呼ばれる。10 進カウンタの内部構成は，**図 5.28** に示すように 2 進カウンタと 5 進カウンタで構成される。10 進カウンタとするためには，2 進カウンタの出力 Q_A は 5 進カウンタの入力 B に接続される。クリア入力 $CLR=$ H とすると，出力 $Q_A \sim Q_D$ はリセットされてすべて L レベルとなる。このためパルスのカウント時は $CLR=$ L としておく。

5.3 カウンタ   111

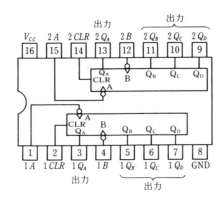

図 5.27 10 進（デュアル BCD）カウンタ 74 HC 390

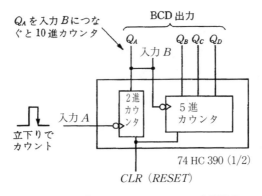

図 5.28 10 進カウンタ 74 HC 390 の内部構成

74 HC 390 は非同期カウンタであり，同期 10 進（BCD）カウンタには 74 HC 160，74 HC 162 などがある。74 HC 160 はクロックに対して非同期クリア，74 HC 162 は同期クリア端子をもつ。

例題 5.9 74 HC 390 を用いて 10 進カウンタの桁数を増すにはどのようにすればよいか。

解　答　図 5.29 のように 10 進カウンタを 2 個直列に接続すると，10 進 2 桁カウンタ回路となる。このように下位の出力 Q_D を上位の 10 進カウンタの入力 A につなぐと桁数が増す。図 5.26(b) で示した BCD 出力のタイムチャートで明らかなように，出力 Q_D は 10 個の入力パルスで 1 個のパルスを出力することから，桁上り信号

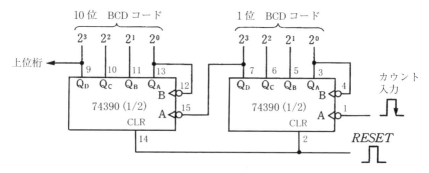

図 5.29 10進2桁カウンタ回路

を兼ねることになり，各桁の出力 $Q_A \sim Q_D$ はそれぞれ BCD コードで得られる．

5.3.3 周波数の分周機能

カウンタは入力パルスの周波数を整数分の1にする回路としても利用される．このような目的で用いられるカウンタを**分周器**（frequency divider）という．これは前述の図 5.22(b) のタイムチャートにみられるように，バイナリカウンタではクロックパルス CK に対して出力 Q_A の周波数は 1/2 となり，さらに次段の出力 Q_B の周波数は Q_A の 1/2 となる．このため，各段の出力の周波数は最初のクロックパルス CK の周波数に比べて 1/2，1/4，1/8 と減少する．n 段の回路を用いれば，入力クロックパルスから $1/2^n$ 倍に分周された周波数のパルス波を得ることができる．周波数の分周にはおもに非同期カウンタが用いられる．

プログラム可能な分周器として**図 5.30** に示す 74292 などがある．74292 は 5 ビットのデータ入力（00010〜11111）で分周比を $2^2 \sim 2^{31}$ に設定できる．データ $E \sim A$ のビットは $2^4 \sim 2^0$ の重みをもち，分周比 2^n の指数 n の値を決める．また，**図 5.31** のように m 進カウンタと n 進カウンタを**カスケード**（cascade：直列）**接続**すると，出力の周波数は $1/mn$ に分周される．

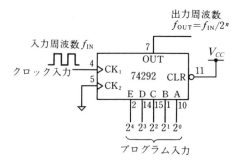

図 5.30　プログラマブル分周器 74292

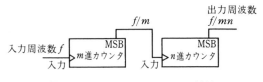

図 5.31　カウンタのカスケード接続

5.3.4　イニシャルリセット信号

カウンタや各種フリップフロップなどの回路は，電源を投入した直後の出力の論理レベルは不定である．そこで，電源投入直後に初期状態を決定しておく必要がある．これを一般に**イニシャライズ**（initialize：初期化する）と呼び，電源投入後に電源電圧が安定するまでの間に数 ms 程度のパルスを発生させ，それをリセットパルスとする方法がとられる．

図 5.32 は簡単な**イニシャルリセットパルス**（initial reset pulse）の発生回路を示す．これはゲートの入力に RC 積分回路を設け，電源の立上り時に遅れ

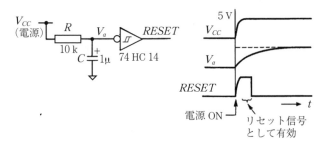

図 5.32　イニシャルリセット信号の発生回路

時間をとってリセットパルスをつくり出すものである。積分回路を通った信号 V_a はゆっくりとした波形のため，4.6.3 項で紹介したシュミットトリガ 74 HC 14 によって波形整形されてイニシャルリセット信号 $RESET$ が生まれる。

5.4 数字表示回路

ディジタル回路の情報を数字として表示することは人間にとって都合がよい。数字を表す**ディスプレイ**（display：**表示器**）のうち，発光ダイオード（LED）を応用した **7 セグメント**（seven segment）**LED 表示器**が広く使われている。

5.4.1 7 セグメント LED 表示器

7 セグメント LED 表示器は，**図 5.33** に示すように 7 個の LED のセグメント a～g の点灯の組合せで 0～9 の数字（16 進数ではさらに英字の A, b, C, d, E, F）を表示するものである。D_P は小数点を表す。

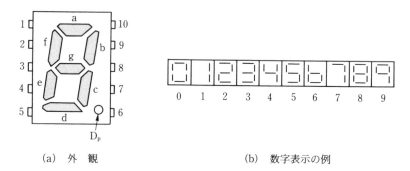

(a) 外　観　　　　　　　　　　(b)　数字表示の例

図 5.33　7 セグメント LED 表示器

7 セグメント LED 表示器の内部構造を**図 5.34** に示す。アノード側（＋側）を共通接続した**アノードコモン**（anode common）**形**とカソード側を共通にした**カソードコモン**（cathode common）**形**の 2 種類があり，つぎに述べるドラ

5.4 数字表示回路   115

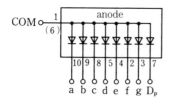
(a) アノードコモン形
（TLR 347 など）

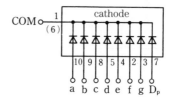
(b) カソードコモン形
（TLR 346 など）

図 5.34　7 セグメント LED 表示器の構造

イバとの組合せで使い分けられる。いずれの場合も，各セグメントの LED は順方向電圧 $V_F ≒ 2\,\mathrm{V}$ で，順方向電流 $I_F ≒ 10\,\mathrm{mA}$ を流すと点灯する。

5.4.2　7 セグメントデコーダ/ドライバ

7 セグメント LED のデコーダ/ドライバとして代表的な 74 HC 4511 を中心に説明する。図 5.35 に回路記号を示す 74 HC 4511 はつぎのような機能をもつ。

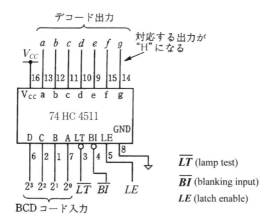

図 5.35　7 セグメントデコーダ/ドライバ 74 HC 4511 の回路記号

[1] デコーダとしての機能

デコーダ (decoder) とはコード（符号）化された信号を解読する回路で 5.5.2 項で詳しく述べる。表 5.3 はデコーダ 74 HC 4511 の動作論理表と 7 セグ

表5.3 74 HC 4511 の動作理論表と LED表示

入力				出力							表示
D	C	B	A	a	b	c	d	e	f	g	
0	0	0	0	1	1	1	1	1	1	0	0
0	0	0	1	0	1	1	0	0	0	0	1
0	0	1	0	1	1	0	1	1	0	1	2
0	0	1	1	1	1	1	1	0	0	1	3
0	1	0	0	0	1	1	0	0	1	1	4
0	1	0	1	1	0	1	1	0	1	1	5
0	1	1	0	0	0	1	1	1	1	1	6
0	1	1	1	1	1	1	0	0	0	0	7
1	0	0	0	1	1	1	1	1	1	1	8
1	0	0	1	1	1	1	0	0	1	1	9

メントLEDの数字表示を示す。入力$D \sim A$はBCDコード入力(重み$2^3 \sim 2^0$)であり,このコード入力に相当する数字パターンに対応して出力$a \sim g$が"1"(Hレベル)になる。

74 HC 4511はラッチ入力LE(latch enable)をもつ。ラッチ入力をLE=Hとすると,4ビットの入力$D \sim A$は内部でデータが保持(ラッチ)され,出力$a \sim g$は固定される。したがって,ラッチをかけない場合はLE=Lにしておく。

[2] **ドライバとしての機能**

74 HC 4511の7セグメント出力$a \sim g$はカソード・コモン型のLEDを直接駆動できるようにソース電流I_{OH}が大きく設計されており,$I_{OH(\max)}$=20 mAである。このため,順方向電流I_F≒10 mAのLEDを十分ドライブできる。7セグメントLED表示器の欠点は消費電流が多いことであるが,取扱いは簡単である。

LEDの点灯を制御する機能として,ランプテスト入力を$\overline{LT}$=Lとすると,すべてのセグメント出力が"H"となり表示器は"8"を表示する。一方,ブランキング入力を$\overline{BI}$=Lとすると,すべてのセグメント出力が"L"となり表示器は消灯する。これらの入力は表示器のテストなどに使用される。

5.4 数字表示回路

例題 5.10 7セグメントデコーダ/ドライバ 74 HC 4511 を用いて BCD コード入力の数字表示回路を設計せよ。

解答 74 HC 4511 は BCD コード入力の値に対応して出力 $a \sim g$ が H レベルになるため，7セグメントの LED はドライバ 74 HC 4511 のソース電流で発光する。したがって 74 HC 4511 に接続される7セグメント LED 表示器はカソードコモン形で，図 5.36 に示すように両者の間に電流制限用の抵抗 R が入れられる。抵抗 R の値は $R \fallingdotseq 390\,\Omega$ に選ばれる。

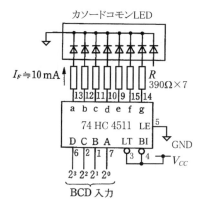

図 5.36 7セグメント LED とデコーダ/ドライバとの接続

5.4.3 スタティックドライブ表示

[1] カウンタとデコーダ/ドライバの組合せ

例題 5.11 10進カウンタ 74 HC 390 を用い，スイッチが押された回数 (0～9) を7セグメント LED 表示器で表示する回路を設計せよ。

解答 図 5.37 のように 10 進カウンタ 74 HC 390 に 7 セグメントデコーダ/ドライバ 74 HC 4511 を用いた数字表示回路を接続すると 10 進カウンタ表示回路となる。リセットスイッチを押すとカウンタはリセットされ，"0" が表示される。その後カウントスイッチを押すごとに7セグメント LED が示す数字は1ずつ増える。スイッチ接点のチャタリング防止のため，カウントスイッチ側には RS フリップフロップを用いている。

118   5. ディジタル回路の応用

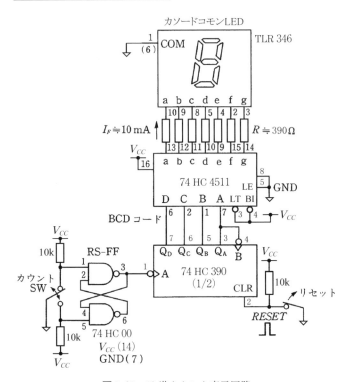

図 5.37　10 進カウンタ表示回路

[2] スタティックドライブ方式

図 5.38 のように 10 進カウンタ 74 HC 390(1/2)，デコーダ/ドライバ 74 HC 4511 および LED 表示器を 1 組にし，10 進カウンタの出力 Q_D を上位の桁の入力パルスとすると，多桁カウンタの表示回路となる。この例は 10 進 3 桁カウンタであり，各桁の BCD コード出力に対し，それぞれ 1 組のデコーダ/ドライバおよび LED 表示器を用いる表示方式を**スタティックドライブ**（static drive）方式という。

各桁のデコーダ/ドライバ 74 HC 4511 のラッチ入力 LE を同時に LE=H，すなわち $\overline{LATCH}$=L とすると，高速度でカウント動作している間もある瞬間のカウント値を静止させて読みとることができる。

5.4 数字表示回路　119

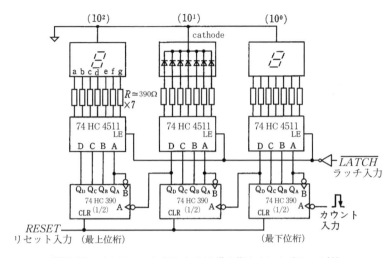

図 5.38　スタティックドライブ 10 進 3 桁カウンタ（ラッチ付）

例題 5.12　図 5.38 に示した回路を周期 $T=1\,\mathrm{s}$ ごとに入力パルス数を表示する周波数カウンタにしたい。ラッチ信号 $\overline{LATCH}$ とリセット信号 $RESET$ との関係をタイムチャートで示せ。

解　答　図 5.39 に示すように，$\overline{LATCH}=\mathrm{H}$ のパルスの直後に $RESET=\mathrm{H}$ のパルスを加えて，周期 $T=1\,\mathrm{s}$ で繰り返せばよい。カウンタの内容はラッチを解除（$\overline{LATCH}=\mathrm{H}$）したときのみ表示され，ラッチがかかる（$\overline{LATCH}=\mathrm{L}$）と直前の表示が保持される。このため，ラッチ直後にカウンタをリセット（$RESET=\mathrm{H}$）すれば，このカウンタは周期 $T=1\,\mathrm{s}$ ごとに入力パルスの数，すなわち周波数（1/s）

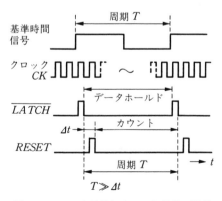

図 5.39　ラッチ信号とリセット信号の関係

を表示する**周波数カウンタ**(frequency counter)となる。

$\overline{LATCH}$ 信号と $\overline{RESET}$ 信号は,周期 T の基準時間信号から図5.10で示したパルスエッジの検出を利用してつくればよい。このときクロックパルスの周期 Δt を周期 T に比べて十分小さくすれば($\Delta t<0.1\,\mathrm{ms}$),カウント時間($T-\Delta t$)はラッチの周期 T にほとんど等しくなる。

この回路は,7.5.2項で述べるホトセンサと外周にスリットをもつ円板で回転速度を計測する場合にも利用できる。

5.4.4 ダイナミックドライブ表示

[1] **ダイナミックドライブの原理**

スタティックドライブ方式では,各桁ごとにデコーダ/ドライバが必要であり,表示器の桁数が多くなると部品数および配線数が桁数に比例して多くなる。これに対して各桁の表示器を**時分割**で一定周期ごとに繰り返し点灯させ,その周期を早くすることで全部の桁が表示されているようにみせる方式が考えられた。これを**ダイナミックドライブ**(dynamic drive)方式という。

図5.40はダイナミックドライブ表示の原理を示す。各桁(4桁)のBCD出

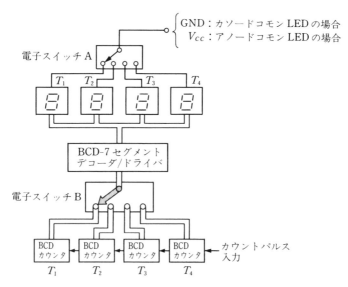

図5.40 ダイナミック表示方式の原理[13]

力を順次取り出して表示するため,デコーダ/ドライバは1個でよく,電子スイッチA,Bは高速で同時に(同期して)切り換えられる。

図5.41はダイナミックドライブ表示回路の構成を示す。4桁のBCD出力を順々に取り出して表示するため,**スキャン**(scan)**発振回路**によって桁パルス$T_1 \sim T_4$がつくられ,**マルチプレクサ**(入力切換器で,詳しくは5.6節で述べる)およびカソードコモンLEDの切換信号となる。

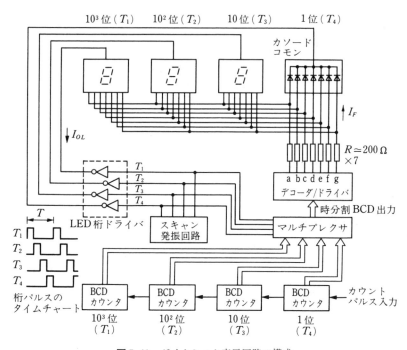

図5.41 ダイナミック表示回路の構成

[2] ダイナミック数字表示器

図5.42は4桁LEDダイナミック数字表示器TLR4125の外観と内部構成を示す。各桁の7セグメントLEDの端子a〜gは内部で結線されているため,同じ桁数のスタティック数字表示素子に比べて接続の手間が省ける。TLR4125はカソードコモンであり,アノードコモンにはTLR4115がある。

122   5. ディジタル回路の応用

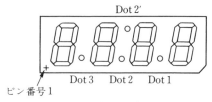

(a) 外観

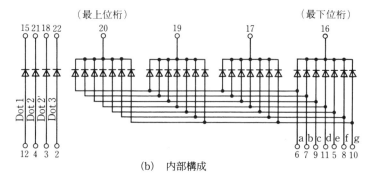

(b) 内部構成

図5.42　4桁LEDダイナミック表示器TLR 4125

[3] ダイナミック表示IC

図5.43は4桁10進アップダウンカウンタICのTC 5053によるダイナミックドライブ表示回路を示す。TC 5053はカウンタを基本に4桁のラッチ，マルチプレクサ，7セグメントLEDのデコーダ/ドライバ，スキャン発振回路を内蔵し，ダイナミック点灯方式のため出力ピン数，外付部品は少なくてすむ。このためTC 5053などLSIのカウンタはダイナミックドライブ方式が多く用いられている。クロック（カウント）入力はアップクロックとダウンクロックが独立しており，一方の入力がHレベルのときパルスの立上りでアップまたはダウンカウントが行われる。ともに入力は波形整形用のシュミットトリガをもつ。

MSL 966[†]は **LED桁ドライバ**（LED digit driver）専用ICで，シンク電流 I_{OL} は4回路のうち同時に1回路のみで80 mAまでとれる。これはLED 1個の駆動電流を $I_F \fallingdotseq 10$ mA とした場合，7セグメントと小数点のLED 8個（10

[†] 電源 V_{CC} とGNDのピン配置に注意。

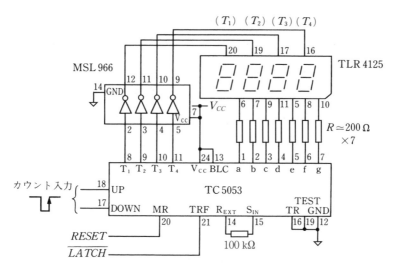

BLC：blanking control，MR：master reset，TR：T-counter reset，S_{IN}：scan in

図 5.43　ダイナミック表示 4 桁 10 進アップダウンカウンタ回路

mA×8＝80 mA）を駆動できる。

　ダイナミック表示方式では，各桁の LED の点灯時間は時分割のため 1/（桁数）となる。したがって，スタティック表示に比べて輝度が落ちないように，電流制限抵抗 R の値は小さくとられる（4 桁では $R \simeq 200\,\Omega$）。

5.5　エンコーダとデコーダ

5.5.1　エンコーダ

[1]　**エンコーダの機能**

　ディジタル回路では 1 本の信号線（1 ビット）で表せる数値は"1"と"0"のみであるが，信号線の数を増やすと扱える数値は増える。4 本の信号線の場合，2 進数では 0000 から 1111 までの 16 とおりの数値を表すことができる。また，BCD コードでは 0000 から 1001 までの 10 とおりの数値を表すことができる。

　このように数値をある約束のもとに複数のビットの組合せで表すことを**符号**

化または**コード化**(**エンコード**: encode)といい,この機能をもつ回路や素子を**エンコーダ**(encoder)という。

[2] BCD エンコーダの基本

図5.44 は10進入力を BCD コードにコード化する **BCD エンコーダ**のブロック図と真理値表を示す。入力側は1(Y_1)から9(Y_9)までの9本,出力側は A,B,C,D の4本の信号線から成る。これは,例えば9個のスイッチのうち,どれが押されたかを BCD コードで出力する回路に代表される。入力 Y_1 ~ Y_9 のうち1つを"1"("H")とすると,出力は真理値表のように BCD コードとなる。

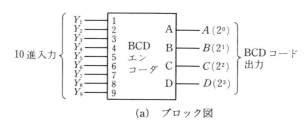

(a) ブロック図

Hとする入力	出		力	
	D	C	B	A
Y_1	0	0	0	1
Y_2	0	0	1	0
Y_3	0	0	1	1
Y_4	0	1	0	0
Y_5	0	1	0	1
Y_6	0	1	1	0
Y_7	0	1	1	1
Y_8	1	0	0	0
Y_9	1	0	0	1

(b) 真理値表

図5.44 BCD エンコーダのブロック図と真理値表

例題 5.13 図5.44 の BCD エンコーダを OR ゲートで構成せよ。

解 答 真理値表で出力の"1"に着目すると,BCD コードの出力 A,B,C,D の論理式はつぎのように入力の論理和(OR)で表される。

$$
\left.\begin{array}{l}
A = Y_1 + Y_3 + Y_5 + Y_7 + Y_9 \\
B = Y_2 + Y_3 + Y_6 + Y_7 \\
C = Y_4 + Y_5 + Y_6 + Y_7 \\
D = Y_8 + Y_9
\end{array}\right\} \quad (5.1)
$$

上式から入力信号の組合せに OR ゲートを用いると，回路は**図 5.45** となる．例えば出力 A（重み 2^0）は 10 進入力の奇数の OR 出力で，出力 D（重み 2^3）は 10 進入力の 8 と 9 の OR 出力となる．このようにエンコーダは基本的に組合せ回路として OR ゲートで構成される．

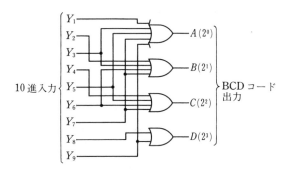

図 5.45 OR ゲートによる BCD エンコーダ

[3] BCD エンコーダ IC

BCD エンコーダ IC として**図 5.46** に示す 74 HC 147 がある．入出力ともに負論理であるので，入力 $\overline{Y_1} \sim \overline{Y_9}$ のうち 1 つを "L" とすると，出力は対応する BCD コードの反転出力（負論理の BCD コードともいう）になる．真理値表を図 5.44 のものと比べると，出力が反転していることがわかる．また，74 HC 147 は 2 つ以上の入力が "L" になった場合は，数値の大きいほうを優先してコード化する**プライオリティ**（priority）**機能**をもつエンコーダである．例えば $\overline{Y_3}(3)$ と $\overline{Y_8}(8)$ が "L" になった場合は，8 がコード化される．

例題 5.14 5 つの部屋にあるスイッチのうち 1 つが押されたら，該当する部屋番号（1〜5）を表示する回路を BCD エンコーダ 74 HC 147 と 7 セグメントデコーダ 74 HC 4511 を用いて設計せよ．また，第 3 室のスイッチ SW3 が押された時の各 IC の入出力のレベルを H か L で示せ．

126   5. ディジタル回路の応用

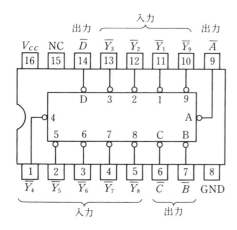

(a) ピン配置　　　　　　　　(b) 真理値表（負論理）

図 5.46　BCD エンコーダ 74 HC 147

［解　答］　図 5.47 に示す回路においてスイッチが押されると，BCD エンコーダ 74 HC 147 の入力が L レベルとなり，選択される。エンコーダの出力がアクティブ L（負論理）であるのに対して，7 セグメントデコーダ 74 HC 4511 の入力はアクティブ H（正論理）のため間にインバータ 74 HC 04 を入れてレベルを反転させてある。スイッチ SW3 が押されると，"3" がエンコードされ，そのデータは 7 セグメントデコーダにより LED 表示器で表示される。なお，2 つ以上のスイッチが押されると，エンコーダのプライオリティ機能により数値の大きい方が優先される。

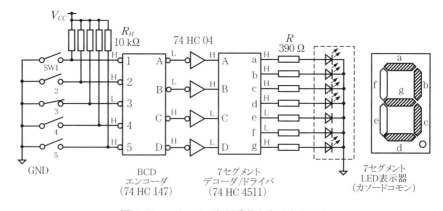

図 5.47　スイッチで部屋番号を表示する回路

5.5.2 デコーダ

[1] デコーダの機能

コード化されたデータを解読（**デコード**：decode）する機能をもつ素子を**デコーダ**（decode）という。デコーダはエンコーダの入出力を逆にしたものである。

[2] 2進数デコーダ（binary decoder）の原理

図 5.48(a), (b) は 2 進数を 10 進数に変換するデコーダのブロック図と真理値表を示す。入力は 2 ビットの $B(2^1)$, $A(2^0)$ であり，真理値表に示すように B, A の組合せで 10 進数の出力 $Y_0 \sim Y_3$ のうち 1 つが H(1) となる。すなわち，2 進数（バイナリコード）が 10 進数にデコード（解読）される。

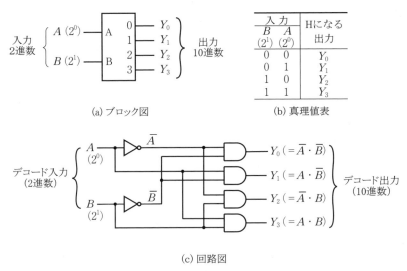

図 5.48 2 ビット 2 進数デコーダの原理

例題 5.15 図 5.48(a), (b) の 2 進数デコーダをインバータと AND ゲートで構成せよ。

解 答 真理値表において入力の組合せによって出力が 1(H) となることに着目すると，出力 $Y_0 \sim Y_3$ の論理式は入力の AND（論理積）として次式のように表すことができる。

$$Y_0 = \overline{A} \cdot \overline{B} \\ Y_1 = A \cdot \overline{B} \\ Y_2 = \overline{A} \cdot B \\ Y_3 = A \cdot B \quad \} \tag{5.2}$$

このことから,インバータとANDゲートを用いて回路は図5.48(c)となる。このようにデコーダは基本的に組合せ回路としてANDゲートで構成される。

[3] 2進数デコーダIC

図5.49(a),(b)は3ビットの2進数デコーダ74HC138の記号と真理値表を示す。2進数のデコード(セレクト)入力 A, B, C が示す値に応じて,10進数の出力 $\overline{Y_0} \sim \overline{Y_7}$ のうち1つが"L"となる。すなわち,入力 C, B, A の各ビットは 2^2, 2^1, 2^0 の重みをもち,2進数が10進数にデコードされる。

デコーダ74HC138には**イネーブル**(enable)[†]入力端子が3本あり,G_1=H かつ $\overline{G_{2A}} = \overline{G_{2B}} =$ L のときのみ入力は有効となって,該当する出力を"L"にする。

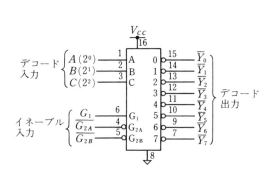

入力			Lになる出力
C (2^2)	B (2^1)	A (2^0)	
0	0	0	$\overline{Y_0}$
0	0	1	$\overline{Y_1}$
0	1	0	$\overline{Y_2}$
0	1	1	$\overline{Y_3}$
1	0	0	$\overline{Y_4}$
1	0	1	$\overline{Y_5}$
1	1	0	$\overline{Y_6}$
1	1	1	$\overline{Y_7}$

(ただし G_1=H, $\overline{G_{2A}} = \overline{G_{2B}} =$ L)

(a) 記号 (b) 真理値表

図5.49 3ビット2進数デコーダ74HC138

[†] enable:可能にする。

[4] ブラックボックス

カウンタやデコーダなどの回路を書く場合，ゲートやフリップフロップによる内部回路まで書くことはせず，図5.48(a)のように長方形にそれぞれの端子を書き込んで表す．すなわち，回路はさらに大きな**ブラックボックス**（black box）として扱われる．ゲート回路やフリップフロップなど回路素子的な IC を **SSI**（small scale integration：小規模集積回路）といい，これらを組み合わせたカウンタやデコーダは一つの回路的な機能をもつ IC で，**MSI**（medium scale integration：中規模集積回路）という．さらに集積度を増した IC が **LSI**（large scale integration：大規模集積回路）である．

5.6 マルチプレクサ

5.6.1 マルチプレクサの機能

マルチプレクサ（multiplexer）とは，**図5.50**(a)に示すように複数の入力信号のうち1つを選択して出力する機能をもつ素子で，**データセレクタ**（data selector）とも呼ばれる．これとは逆に，図(b)のように1つの入力信号を複数の出力の1つに切り換えるものを**デマルチプレクサ**（demultiplexer）という．マルチプレクサとデマルチプレクサは互いに入力と出力が逆になったものであり，いずれも機械的なロータリスイッチ（rotary switch）の代わりにセレクト入力によって切り換わる電子スイッチとしたものである．

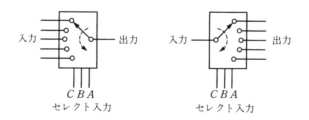

(a)　マルチプレクサ　　　　(b)　デマルチプレクサ

図5.50　マルチプレクサとデマルチプレクサの機能

5.6.2 マルチプレクサ IC

図 5.51 は 8 入力のマルチプレクサ 74 HC 151 の記号と真理値表を示す。この IC は 8 つのディジタルデータ $D_0 \sim D_7$ の中の 1 つをセレクト入力 A, B, C のバイナリコードにより選び，Y に出力するものである。出力 $\overline{W}$ は Y の反転出力（$\overline{Y}$）である。ストローブ入力 $\overline{S}$ は出力をコントロールする信号であり，$\overline{S}$=L のときデータが出力されるが，$\overline{S}$=H とすると他の入力に無関係に出力 Y=L（$\overline{W}$=H）となる。

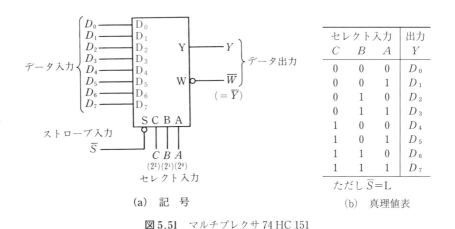

図 5.51 マルチプレクサ 74 HC 151

5.7 アナログスイッチ

5.7.1 アナログスイッチの特徴

アナログスイッチ（analog switch）の多くは CMOS で構成された**半導体スイッチ**で，ディジタル信号を制御入力として機械的なスイッチの代わりとなるものである。回路記号は**図 5.52**(a)で示されるが，図(b)の略記号も使われる。アナログスイッチは機械的な可動部分がないため接点のチャタリングがなく，高速（数 MHz）で動作し，小型で長寿命であることからアナログあるいはディジタル信号の入切に多く使われている[11]。

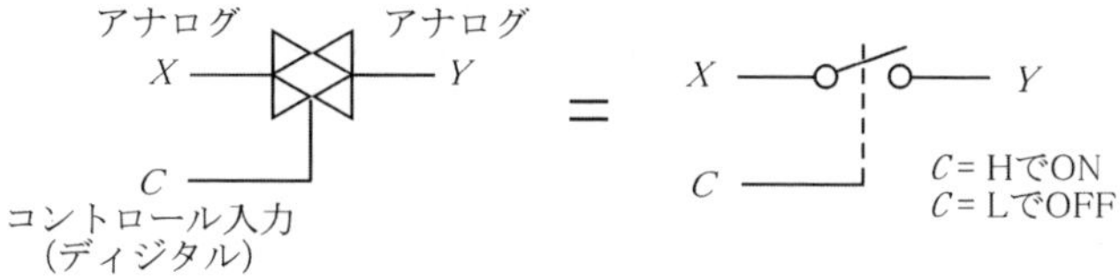

5.7 アナログスイッチ　131

(a) 記　号　　　　　　　　(b) 略記号

図 5.52　アナログスイッチの表記法

コントロール入力 C を H レベルにするとスイッチが ON（導通）となり，L レベルにすると OFF（非導通）になる．ただし，ON 状態でも数 Ω 程度の抵抗があり，**オン（ON）抵抗 R_{ON}** と呼ばれる．アナログスイッチの欠点は，この抵抗値 R_{ON} が機械的な接点の数 mΩ 程度に比べて大きいことである．

アナログスイッチは双方向性でいずれを入力側にしてもよいが，制御できる信号の振幅は電源電圧の範囲に限られる．

5.7.2　アナログスイッチ IC

CMOS のアナログスイッチは 4000 B シリーズがオリジナル（例えば 4066 B）であるが，その後改良されて 74 HC シリーズにも同じ型式で含まれている（例えば 74 HC 4066）．74 HC シリーズはオン抵抗 R_{ON} が低く，高速に応答する．

図 5.53 は代表的なアナログスイッチ 74 HC 4066 のピン配置を示す．この IC は単一電源 $V_{CC}=+5V$ で使用でき，コントロール入力（ディジタル信号）$C_1 \sim C_4$ により 4 回路をそれぞれ独立に ON/OFF できる．ただし，アナログ信号として電圧 $V_{CC} \sim$ GND の正の信号しか扱えない．正負の振幅をもつアナログ信号を扱う場合は，負電源の V_{EE} の端子をもつ 74 HC 4316 などが使われる．このとき，$V_{CC}=+5V$，GND$=0V$，$V_{EE}=-5V$ とすると，$-5V \sim +5V$ のアナログ信号（例えば正弦波）を ON/OFF することができる．

例題 5.16　アナログスイッチ 74 HC 4066 を用い，NAND ゲートとインバータによるデコーダで 4 つのアナログ入力のうち 1 つを選択するアナログマルチプレクサを設計せよ．

132   5. ディジタル回路の応用

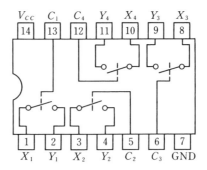

図 5.53　アナログスイッチ 74 HC 4066 のピン配置

解　答　図5.54のように4個のアナログスイッチの出力側を接続し，セレクト入力 A，B の組合せで1つのスイッチを選択する回路は4入力のアナログマルチプレクサとなる。デコーダは入力 A，B が"0"と"1"の組合せで4とおりになるように NAND ゲートとインバータで構成される。アナログスイッチの入力（X_1〜X_4）と出力（Y）を反対にすれば，アナログデマルチプレクサとなる。

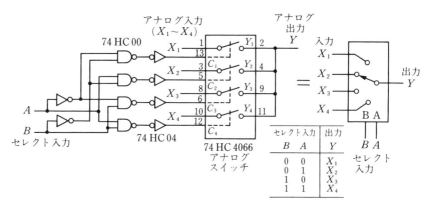

図 5.54　アナログスイッチによるアナログマルチプレクサ

図5.55に示す**アナログマルチプレクサ** 74 HC 4053 は独立した3回路の2対1のアナログスイッチとして利用される。イネーブル入力 $\overline{EI}$＝L のとき，コントロール入力 A，B，C のディジタル信号によって，それぞれ2つのアナログ信号から1つを選択して切換えることができる。負電源 V_{EE}＝−5V とすると，−5V〜+5V のアナログ信号をスイッチングすることができる。

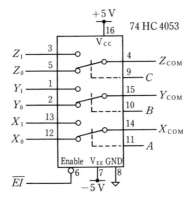

図 5.55 アナログマルチプレクサ 74 HC 4053

5.8 マルチバイブレータ

パルスの発振回路を総称して**マルチバイブレータ**（multivibrator）という。これは非安定マルチバイブレータと単安定マルチバイブレータに分類される。

5.8.1 非安定マルチバイブレータ

非安定マルチバイブレータ（astable multivibrator）は，外部から信号をもらわずに自力でパルス波形を連続的に発生させ，発振を持続する回路で，無安定マルチバイブレータまたは自走マルチバイブレータともいう。

図 5.56(a), (b)は非安定マルチバイブレータの回路とその動作原理を示す。これはインバータとコンデンサ C および抵抗 R を1組にして2組使用したもので，点ⓑにおけるコンデンサ C の充・放電波形がインバータのスレッショルド電圧を通るたびに出力が反転するため，パルスを連続的に発生させる。この発振回路の周期 T はコンデンサ C と抵抗 R による時定数 $\tau = CR$ で決まる。ただし，安定度や精度は悪いため，ダイナミック表示回路のスキャン用のクロック信号などに使われる。精度を要する場合は，水晶発振回路やタイマ用ICが使われる。

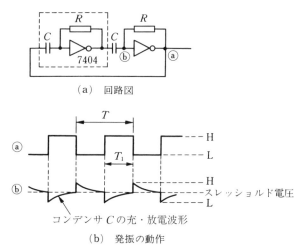

(a) 回路図

(b) 発振の動作

図 5.56 非安定マルチバイブレータ

なお，図(b)に示すように，発振周期 T に対してパルス波形が "1 (H)" となっている時間 T_1 の割合 T_1/T を**デューティサイクル**（duty cycle）または**デューティ比**（duty ratio）という。

5.8.2 単安定マルチバイブレータ

[1] 基本動作

単安定マルチバイブレータ（monostable multivibrator）は，外部から "引きがね" の役目を果たす**トリガ**（trigger）**信号**が加わると，ある一定な時間幅をもった1パルスを出力する素子で，**ワンショットマルチバイブレータ**（one shot multivibrator）とも呼ばれる。

図 5.57 は代表的なワンショットマルチバイブレータ IC である 74 HC 123 のピン配置を示す。パッケージ内に同一回路が2つ入っており，そのうちの1回路を図 5.58 に示し，基本動作について述べる。2つのトリガ入力 $\overline{A}$，B と出力 Q およびその反転出力 $\overline{Q}$ をもち，入力 $\overline{A}$ は立下り（ダウンエッジ）で，入力 B は立上り（アップエッジ）でトリガがかかり，出力 Q に一定幅のパルスを出力する。

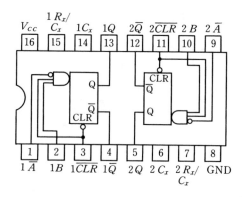

図 5.57　ワンショットマルチバイブレータ 74 HC 123 のピン配置

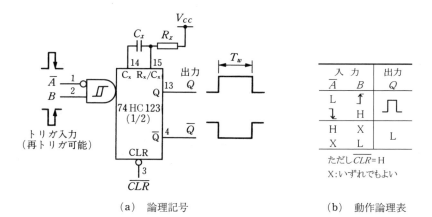

図 5.58　74 HC 123 の基本動作

出力パルスの幅 T_W [s] は，入力パルス幅の影響を受けずに外付けのコンデンサ C_X と抵抗 R_X の時定数で決まり，次式で得られる．

$$T_W = K \cdot C_X \cdot R_X \tag{5.2}$$

ここで，K は素子による定数で 74 HC 123 の場合，$K \fallingdotseq 0.45$ である．使用しない入力端子は，入力 $\overline{A}$ では GND，入力 B では V_{CC} につないでおく．

74 HC 123 は入力トリガをいつでも受けつける**再トリガ**（**リトリガブル**：retriggerable）**機能**をもつ．すなわち，**図 5.59** に示すようにパルス出力が終わる前に再度トリガ入力が加わると，そこから再びパルス出力が行われる．ワ

136   5. ディジタル回路の応用

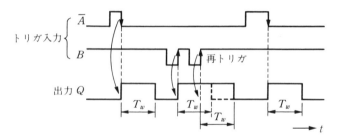

図 5.59 再トリガ機能

ンショット動作中にクリア入力が $\overline{CLR}$=L となると,強制的に出力は Q=L ($\overline{Q}$=H) となる。

[2] ワンショットマルチバイブレータの応用

ワンショットマルチバイブレータを 2 個接続すると,遅延形のパルス発生やパルス発振に応用できる。

例題 5.17 図 5.60(a) のようにワンショットマルチバイブレータ 2 個を

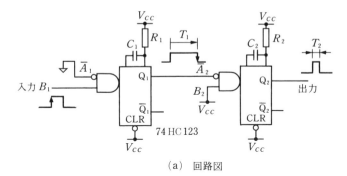

(a) 回路図

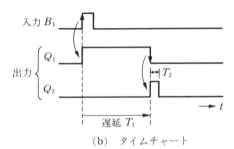

(b) タイムチャート

図 5.60 ワンショットマルチバイブレータの直列接続によるパルス遅延

直列に接続したとき，入力 B_1 に加えたパルスと出力 Q_2 の関係をタイムチャートで示せ．

解　答　図(b)に示すように，トリガ入力 B_1 のアップエッジで1段目の出力 Q_1 には時間幅 T_1 のパルスが出力される．これを2段目のトリガ入力 $\overline{A_2}$ に加えると，パルス Q_1 のダウンエッジで出力 Q_2 には時間幅 T_2 のパルスが出力される．したがって出力 Q_2 には入力 B_1 に加えたパルスより時間 T_1 だけ遅延したパルス（時間幅 T_2）が生じる．

例題 5.18　図 5.61(a)のようにワンショットマルチバイブレータ2個を接続して，スイッチ SW を切り換えた後の出力 Q_1 と Q_2 はどのようになるか．動作をタイムチャートで示せ．

解　答　互いにマルチバイブレータの出力 Q をもう一方のマルチバイブレータ

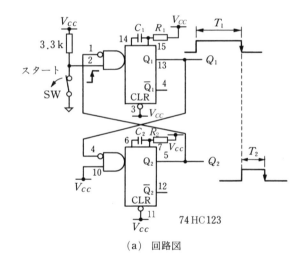

(a)　回路図

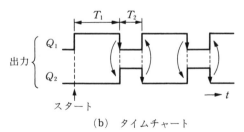

(b)　タイムチャート

図 5.61　ワンショットマルチバイブレータによる発振回路

のトリガ入力 $\overline{A}$ に接続すると，それぞれパルス幅 T_1，T_2 のパルスのダウンエッジで相手側のパルスを誘起させるので，図 5.61(b) のように発振を繰り返す．

演習問題

【1】 つぎの用語について説明せよ．
　　(a) フリップフロップ
　　(b) マルチプレクサとデマルチプレクサ
　　(c) ワンショットマルチバイブレータ

【2】 JK-FF の機能と動作を説明せよ．

【3】 D-FF を用いて T-FF をつくれ．

【4】 図 5.62(a) の D-FF の入力に図 (b) の信号を加えたとき，出力 Q のタイムチャートを完成せよ．ただし，初期値は $Q=L$ とする．

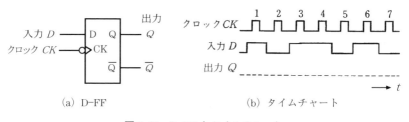

(a) D-FF　　　　　　　　　(b) タイムチャート

図 5.62　D-FF とタイムチャート

【5】 図 5.63(a) に示す NAND ゲート 4 個で構成された回路がラッチ回路となることを真理値表で確かめよ．

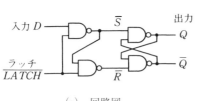

$\overline{LATCH}$	D	$\overline{S}$	$\overline{R}$	Q	$\overline{Q}$	動作
1	0					
1	1					
0	0					
0	1					

(a) 回路図　　　　　　　　　(b) 真理値表

図 5.63　NAND ゲートによるラッチ

【6】図 5.64 のようにアップエッジトリガ形の T-FF を直列に接続すると，ダウンカウンタとなることをタイムチャートで示せ．

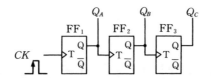

図 5.64　3 ビットバイナリダウンカウンタ

【7】リセット端子をもつ T-FF を用いて，つぎのリプル（非同期）カウンタを設計せよ．
　（1）3 進カウンタ　　（2）5 進カウンタ

【8】カウンタ IC の 74390 を用いて分周比 1/20 の周波数分周器を設計せよ．ただし，出力のデューティ比を 50 % とする．

【9】図 5.65 のように 7 セグメント LED の電流制限抵抗 R を 1 個にすると，どのような不都合が生じるか．

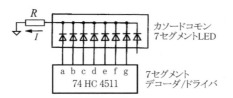

図 5.65　電流制限抵抗 R が 1 個の場合

【10】図 5.39 のラッチ信号 $\overline{LATCH}$ とリセット信号 $\overline{RESET}$ を発生させる回路を D-FF を用いて設計せよ．

【11】3 つの入力 A, B, C が A=H, B=L, C=H のとき，出力 Y=L となる 3 ビット組合せ回路をゲート回路で構成せよ．

マイクロコンピュータの基礎

マイクロコンピュータ (microcomputer, 略称は**マイコン**) は，LSI 技術の進歩により出現したものである．コンピュータの3大機能は，**演算・制御**，**記憶**，**入出力**であり，このことは超大型コンピュータも極小のマイコンも原理的には同じであることを示す．ここではマイコンに関する基礎知識を学ぶ．

6.1 マイコンの構成

6.1.1 基本構成

原理的に現代にも通じる基盤が築かれた8ビット CPU の Z80 を例にとり説明する．マイコンの基本的な構成は**図 6.1** に示すように，演算や全体の制御を

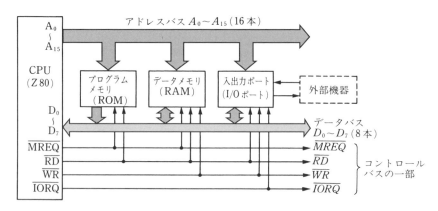

図 6.1 マイコンの回路構成 (Z80 CPU)

6.1 マイコンの構成

行う **CPU**（central processing unit：中央処理装置），プログラムやデータを記憶するための**メモリ**（memory）および外部機器（入出力装置）とデータをやりとりするための**入出力ポート**（**I/O ポート**：input-output port）からなる。そして，これらは**バスライン**あるいは単に**バス**（bus：信号母線）と呼ばれる信号線群で結ばれている。

バスは**図 6.2**(a)のように複数の線の集合であるので，一般に図(b)のように簡略化して表す。数字はバスを構成する信号線の総数を表す。矢印は信号が伝わる方向を示し，双方向バスの場合は両側に矢印がつく。

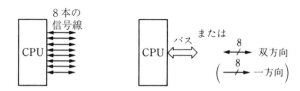

(a) 信号線を1本ずつ書く方法　　(b) 簡略化した方法

図6.2 バスの表現

6.1.2 バスの役割

バスはデータをその上にのせて通す通路の役目をし，信号の種類によって**アドレスバス**（address bus），**データバス**（data bus），**コントロールバス**（control bus）の3群に分類される。これらのバスは

（1） どこへ（アドレスバス）

（2） 何を（データバス）

（3） どのタイミングで（コントロールバス）

転送するかという役割から，それぞれつぎのような性質をもつ。

[1] アドレスバス

CPUがメモリや入出力ポートの**アドレス**（address：**番地**）を選択するための信号の通路で，CPUから外へ向かって流れる**単方向バス**である。Z80 CPUでは16本の信号線で16ビット並列のアドレスバスを構成する。A_0がLSB（最下位ビット），A_{15}がMSB（最上位ビット）でスリーステート出力である。

[2] データバス

CPU がメモリや I/O ポートとの間でデータのやりとりに使われる信号の通路で、信号の流れは**双方向**である。8 ビット CPU では 8 本の信号線で 8 ビット並列のデータバスが構成される。

[3] コントロールバス

CPU がメモリや I/O ポートとの間でお互いに動作を制御するための信号線群で、信号の流れは単方向である。図 6.1 における 4 本の信号線はこれらの一部であり、つぎの意味をもつ。

(a) $\overline{MREQ}$（memory request）：メモリを呼び出す信号。
(b) $\overline{RD}$（read）：メモリや I/O ポートに対する CPU の読み込み信号。
(c) $\overline{WR}$（write）：メモリや I/O ポートに対する CPU の書き込み信号。
(d) $\overline{IORQ}$（I/O request）：I/O ポートを呼び出す信号。

信号名の上にバー（―）がついているのは、L レベルで能動（アクティブ L）であることを示す。

6.1.3 CPU（central processing unit）

CPU は人間にたとえると頭脳に相当し、マイコンの中核をなすが、メモリあるいは I/O ポートとのやりとりがあって初めてコンピュータとして機能する。CPU 用の LSI は**マイクロプロセッサ**（micro-processor）といわれる。CPU のビット数は 1 つの命令で処理できるデータの大きさを表し、16 ビットなら 8 ビットの 2 倍のデータを、64 ビットなら 16 ビットの 4 倍のデータを一度に処理できる。

図 6.3 は代表的な 8 ビット CPU である Z80 の入出力信号とピン配置を示す。これは 40 ピンの LSI であり、アドレスバス、データバスのほか各種のコントロール信号が接続される。

最近のマイコンは集積度をさらに増し、CPU にメモリ、I/O ポートを組み込んだワンチップマイコンが主流になっている。次章では最新の 8 ビットマイコン Arduino を用いて機械とのインタフェース回路を述べるが、この章では

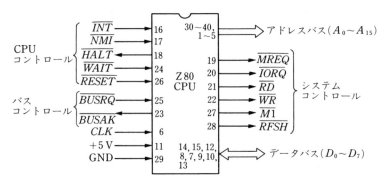

図 6.3 Z80 CPU の入出力信号

マイコンの基本的な原理を理解するため Z80 マイコンを例に説明を行う．

6.2 メ モ リ

6.2.1 メモリの種類

データを記憶するメモリ用の LSI はつぎのように分類される．

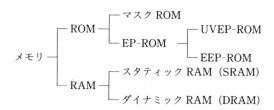

[1] **ROM**（ロム：read only memory）

読み出し専用のメモリで，電源を切っても内容が消えないことから，不揮発性メモリと呼ばれる．つぎの 2 種類に大別される．

（a）**マスク ROM**（mask ROM）　データ（プログラム）はメーカ製造時に書き込まれ，内容の変更はできない．

（b）**EP-ROM**（erasable programmable ROM）　ユーザが記憶内容を変更できる ROM の代表的なものである．チップ中央に小窓があり，紫外線を照射して内容を消去するものは特に **UVEP-ROM**（ultra violet EP-ROM）と呼

ばれる。**ROMライタ**（ROM writer）と呼ばれる装置で電気的にデータを書き込んだ後は，不透明なシールを貼っておく。

現在は，回路に実装したままメモリ内容を電気的に消去・書き込みができる**EEP-ROM**（electrically EP-ROM）が主流になっている。さらに，EEP-ROMを発展させた**フラッシュメモリ**（flash memory）も開発されて，コンピュータのROM内容をバージョンアップするためにも使われることが多くなっている。

[2] **RAM**（ラム：random access memory）

プログラムやデータの読み出し，書き込みができるメモリで，電源を切ると記憶内容は消えてしまうことから，揮発性メモリという。つぎの2種類に分かれる。

(a) **スタティックRAM**（static RAM） 1ビットの情報を1個のフリップフロップで構成したRAMで，扱いやすい。

(b) **ダイナミックRAM**（dynamic RAM） MOS FETのゲート容量に蓄積される電荷量で"0"，"1"を記憶するRAMで，構成が簡単なことから集積度が大きくできる。しかし，ゲート容量に蓄えられた電荷は少しずつ放電するため，たえず再書き込みする動作，いわゆる**リフレッシュ**（refresh）が必要である。

6.2.2 メモリ容量

メモリICの記憶容量は1個のチップに記憶できる情報の**ビット数**で表し，$2^{10}=1\,024$ビットを**1Kビット**と表現する。また，マイコンでは8ビットを1つのデータとして扱い，これを**1バイト**と表す。同様に，**1Kバイト**は$2^{10}=1\,024$バイトを表す。メモリにおけるデータの読み出し，書き込みにはアドレスを指定する必要があるため，メモリICはメモリ容量にあった数のアドレス入力端子をもつ。

例題6.1 EEP-ROM 2864は64K（$=65\,536$）ビットのメモリであり，図6.4に示すように8本のデータ線$D_0 \sim D_7$をもつ。このメモリがデータを記

6.2 メモリ

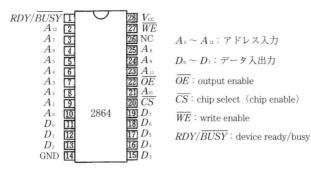

図 6.4 EEP-ROM 2864 のピン配置

憶できる容量をバイト数で示せ．また，このメモリのアドレスを指定するために必要なアドレス線は何本か．

[解　答]　1バイト＝8ビットであるから，EEP-ROM 2864 は

64 K ビット／8 ビット＝8 K バイト

のメモリ容量をもつことになる．8 K バイトは，正確には $2^3 \times 2^{10} = 2^{13}$ バイトであり，2^{13} 個のメモリアドレス

$$
\begin{array}{cccc}
A_{12} & A_8 & A_4 & A_0 \\
0 & 0000 & 0000 & 0000 \\
 & & \wr & \\
1 & 1111 & 1111 & 1111 \\
(\,1 & F & F & F\,)
\end{array}
$$

を指定するために必要なアドレス線は 13 本（$A_0 \sim A_{12}$）である．このため，EEP-ROM 2864 は図 6.4 に示すようにアドレス入力端子 $A_0 \sim A_{12}$ をもつ．

図 6.4 において，**アウトプットイネーブル**（output enable）$\overline{OE}$ は入出力端子 $D_0 \sim D_7$ にデータを出力するか否かを決定する制御入力であり，メモリからデータを読み出すときに $\overline{OE}$＝L となるように $\overline{MREQ}$ または $\overline{RD}$ 信号が与えられる．**チップセレクト**（chip select：素子選択）入力 $\overline{CS}$ は，$\overline{CS}$＝L でこのメモリ IC が選択されてアクティブとなる．

6.2.3 メモリマップ

メモリの記憶場所には**アドレス**（番地）がつけられ，CPU はアドレスバスにアドレス信号を与えてメモリを指定することになる．Z80 など 8 ビット

CPUはアドレスバスが16本（A_0〜A_{15}）で，最大2^{16}＝65 536（64Kと呼ぶ）個の番地を指定できる。このように，アドレスバスにより番地指定できるメモリの最大領域を**メモリのアドレス空間**（address space）または単に**メモリ空間**という。すなわち，Z80 CPUが指定可能なアドレス範囲は16進数で0000_H〜$FFFF_H$番地（添字Hは16進数を表す）であり，このアドレス空間におけるメモリの構成および使用状態を示したものを**メモリマップ**（memory map）という。

例題 6.2 8ビットマイコンで，記憶容量が64Kビット（データ線8本）のROMとRAMをそれぞれ1個用い，ROMの開始アドレスを0000_H，RAMの開始アドレスを8000_Hとする場合のメモリマップと各メモリICの指定方法を示せ。

解 答 この場合，ROMとRAMはともに64Kビット/8ビット＝8Kバイトの記憶容量をもつ。8Kバイトは$8×2^{10}=2^{13}$バイトであり，この大きさは16進数では

$$\underbrace{1\ 0}_{2}\ \underbrace{\overset{A_{12}}{}\ 0\ 0\ 0\ \overset{A_8}{}}_{0}\ \underbrace{0\ 0\ 0\ \overset{A_4}{}\ 0}_{0}\ \underbrace{0\ 0\ 0\ \overset{A_0}{}\ 0}_{0}$$

より，2000_Hとなる。したがって，**図6.5**に示すように，ROM領域はアドレス0000_H〜$1FFF_H$に，RAM領域は8000_H〜$9FFF_H$に割り当てられる。

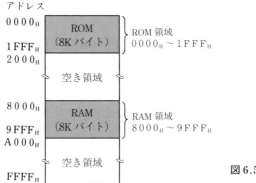

図6.5 メモリマップの例

それぞれのメモリICの指定には，**表6.1**に示すように上位のアドレス線A_{15}〜A_{13}を用いて，割り当てのアドレス範囲でチップセレクト信号が$\overline{CS}$＝0(L)となるようにすればよい。すなわち，ROMには$A_{15}A_{14}A_{13}$＝000で$\overline{CS_1}$＝0となり，RAMには

表 6.1　メモリアドレスの割り当て

メモリ	アドレス (16進表示)	A_{15}	A_{14}	A_{13}	A_{12}	A_{11}	A_{10}	A_9	A_8	A_7	A_6	A_5	A_4	A_3	A_2	A_1	A_0	$\overline{CS_1}$	$\overline{CS_2}$
ROM (8Kバイト)	0000 〜 1FFF	0 0	0 0	0 0	0 1	0 1	0 1	0 1	0 1	0 1	0 1	0 1	0 1	0 1	0 1	0 1	0 1	0	1
RAM (8Kバイト)	8000 〜 9FFF	1 1	0 0	0 0	0 1	0 1	0 1	0 1	0 1	0 1	0 1	0 1	0 1	0 1	0 1	0 1	0 1	1	0

$A_{15}A_{14}A_{13}=100$ で $\overline{CS_2}=0$ となるように回路を組めばよい．このように，アドレス信号の中から指定したアドレスを検出する回路を**アドレスデコーダ**（address decoder）という．

図 6.6 はアドレスデコーダを組み込んだときのメモリ IC の選択例を示す．アドレスバスの上位 3 ビットの組合せで ROM と RAM が選択される．

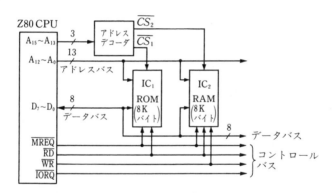

図 6.6　アドレスデコーダによるメモリ IC の選択例

6.3　入出力ポート

6.3.1　I/O ポートのアドレス空間

入出力ポート（I/O ポート） は CPU が外部装置とデータ転送を行う中継点である．メモリのアドレス空間とは別に **I/O ポートのアドレス空間（I/O 空**

間）をもち，入出力命令により CPU が I/O ポートとデータの授受を行う方法を I/O マップ I/O（input-output mapped I/O）方式という。これは**図 6.7** に示すように，I/O コントロール信号がメモリコントロール信号と独立している CPU で用いられる。図 6.1 の例では，CPU は信号 $\overline{IORQ}$ で I/O 空間をアクセスし，信号 $\overline{MREQ}$ でメモリ空間をアクセスする。I/O ポート用としてアドレスバスの下位の 8 本（$A_0 \sim A_7$）を使用するときは，I/O のアドレス空間は $2^8 = 256$（$00_H \sim FF_H$ 番地）となる。I/O マップ I/O 方式は多くの CPU で採用されている。

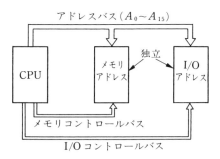

図 6.7 I/O マップ I/O 方式

6.3.2 パラレル入出力

入出力ポートには，外部機器とのデータのやりとりを並列で行う**パラレル**（parallel）**入出力**と直列で行う**シリアル**（serial）**入出力**がある。

並列信号で外部機器とデータの授受を行う方式を**パラレル転送**（parallel transfer）という。**図 6.8**(a) に示すようにパラレル入出力が 8 ビットでは 8 本の信号線が必要で，長距離の伝送には向かないが，単位時間当たりのデータ量は多くとれる。CPU からの指令で例えばデータ 49_H が外部機器にパラレル転送される場合は，出力ポートから並列に $0100\ 1001_B$ のデータが送られる。8 ビット $D_7 \sim D_0$ はそれぞれ $2^7 \sim 2^0$ の重みをもつ。

マイコンで機械の制御を行う場合，マイコンは機械に組み込まれるか，近くに置いて使われるためパラレル入出力が多く用いられる。

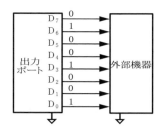
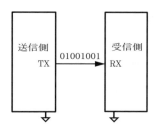

(a) パラレル転送 (b) シリアル転送

図 6.8　データ 49$_H$ を転送するときのパラレル転送とシリアル転送

6.3.3　シリアル入出力

8 ビット CPU では 8 ビットデータを並列信号として扱うが，外部にデータを転送する場合，図 6.8(b) に示すように 1 ビットずつ順番に送る方法がある。これを**シリアル転送**（serial transfer）といい，離れた場所にある機械とデータをやりとりするには，信号線の数が少なくてすむ利点がある。しかし，並列と直列の信号変換が必要で，転送速度は遅くなる欠点がある。シリアル転送の代表的なインタフェースに **RS-232C** がある。

図 6.9 はシリアル通信の例を示す。送信用と受信用の信号線を用いると，送受信が同時に可能で，この方式を**全二重モード**（full-duplex mode）という。一方，1 本の信号線で送信と受信を交互に行う方式を**半二重モード**（half-duplex mode）という。

マイコンがパソコンや他の機器との間でシリアル通信を行うために用いられるものは **USART**（Universal Synchronous/Asynchronous Receiver/Transmit-

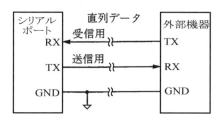

図 6.9　シリアル通信

ter）と呼ばれる．つぎのように通信方式，転送速度，データ長などがプログラムで指定できる．

（a） 通信方式：非同期式と同期式がある．
（b） 転送速度：単位はビット/秒（bps：bit/s）で表す．通信の分野では**ボーレート**（baud rate）といい，例えば9 600 bpsは9 600 **ボー**とも呼ばれる．
（c） データ長：通常7ビットまたは8ビットでデータ1文字を表し，LSBより順に送られる．その際，データの区切りが分かるように前後にスタートビットとストップビットを付けて送る．

文字を表すコードで通常用いられるのは，**アスキーコード**（ASCII：American Standard Code for Information Interchange）と **JIS コード**である．JIS コードはアスキーコードを拡張してカナ文字を加えたもので，英数字のコードはアスキーコードと同じである．**表6.2** に JIS コードの一部を16進表示で示す．例えば，文字"A"のコードは 41_H であり，2進数では7ビットで100 0001である．

表6.2 JIS コード（アスキーコード）の一部

文字	コード	文字	コード	文字	コード	文字	コード
0	30	@	40	J	4A	T	54
1	31	A	41	K	4B	U	55
2	32	B	42	L	4C	V	56
3	33	C	43	M	4D	W	57
4	34	D	44	N	4E	X	58
5	35	E	45	O	4F	Y	59
6	36	F	46	P	50	Z	5A
7	37	G	47	Q	51	スペース	20
8	38	H	48	R	52	a	61
9	39	I	49	S	53	ア	B1

演 習 問 題

【1】 つぎの用語について説明せよ．
　　(a) EEP-ROM　　(b) 1Kバイト　　(c) アドレス空間
【2】 UVEP-ROM 2716 は 16K ビットのメモリで，8本のデータ線をもつ．このメモリの記憶容量をバイトで示せ．また，必要なアドレス線は何本か．
【3】 I/O マップト I/O 方式について説明せよ．
【4】 パラレル転送とシリアル転送の違いと，それぞれの利点を説明せよ．
【5】 アスキーコードで 7 ビットの 1001010_B は何を表すか．

7 コンピュータと機械とのインタフェース

コンピュータを機械に接続することによって，機械を知能化することができる。そのためには両者を接続する回路，すなわち**インタフェース**が必要である。ここでは，コンピュータと機械とのインタフェースにおいて，最も基礎となるパラレル入出力インタフェースを中心に，実際の回路とともに説明する。

7.1 マイコン入出力

マイクロコンピュータ（マイコン）を用いて機械を制御する場合，図 7.1 のようにマイコンは CPU で計算した数値や判断した結果にもとづき，出力ポートから信号を出力してモータなどのアクチュエータ（actuator）[†]を駆動させる。一方，外部機械からはスイッチ信号やセンサ（sensor）信号が入力ポート

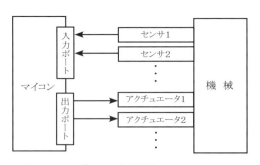

図 7.1　コンピュータと機械とのインタフェース

[†] 電気信号で機械的・物理的運動を引き起こす出力機器。

から入力される。

以下にワンボードマイコン Arduino（アルドゥイーノ）を例にしてコンピュータと機械とのインタフェースについて詳しく述べる。

7.1.1　ワンボードマイコン Arduino

ワンボードマイコン Arduino は LED やモータ，各種センサなど電子部品の制御が比較的簡単に行えるように開発されたものである。本書では標準的な Arduino Uno を用いて解説する。図 7.2 は Arduino Uno の外観を示す。大きさは約 75 mm×53 mm と手のひらに乗る程度である。Arduino はオープンソースハードウェアとして設計図が公開されている。また，ソフトウェアも総合開発環境「Arduino IDE」がオープンソースで配布されており，誰でも無償で自由に利用可能である。Arduino IDE を入手してパソコンにインストールすることで，C 言語風の Arduino プログラムを作成できる。

電源は USB ケーブルでパソコンと接続するか，バッテリか AC アダプタを接続すればすぐに動作させることができる。

図 7.2　マイコンボード Arduino Uno

表 7.1 に Arduino Uno の仕様を示す。プロセッサやメモリ，入出力用のポートが実装されており，ワンボードマイコンとして機能する。ディジタル I/O ピンは 14 本で，プログラムによる設定で出力にするか入力にするかを選ぶこ

表 7.1 Arduino Uno の仕様

項目	仕様	備考
プロセッサ	ATmega 328 (16MHz)	
動作電圧	5V	
入力電源電圧	7～12V	
ディジタル I/O ピン	14本	6本は PWM として使用可能
アナログ入力ピン	6本	ディジタルピンとして使用可能
I/O ピンの最大 DC 電流	40 mA	ソース電流,シンク電流
メインメモリ (SRAM)	2 KB	データの一時保存
フラッシュメモリ	32 KB	プログラムの保存
EEPROM	1 KB	ライブラリ用
その他インタフェース	USART, I²C, SPI	

とができる。アナログ入力の 6 ピンはディジタルピンとして使うことができるため,ディジタル I/O ピンとしては最大 20 本使用できる。さらに多くの I/O ピンが必要なときは,Arduino Mega 2560(ディジタル 54 本,アナログ入力 16 本)がある。

図 7.3 は Arduino Uno に搭載されたマイコン **ATmega 328P** のピン配置と構成を示す。28 ピンのうち 20 ピンが入出力用である。各入出力ピンは単独で

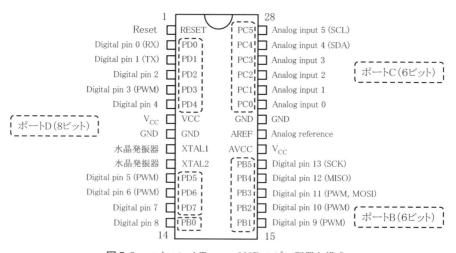

図 7.3 マイコン ATmega 328P のピン配置と構成

操作できるが，破線で囲まれたポートB，C，Dはそれぞれ6ビット，6ビット，8ビットのポート操作が可能である．例えばポートBでは，6ビットPB_5〜PB_0は重み2^5〜2^0をもつバイナリデータとして入力または出力できる．図7.3に示した入出力ピンは，そのまま図7.2に示した入出力ピンに接続されている．

7.1.2 Arduinoの入出力ピンと操作プログラム

Arduino Unoでは，入出力のピンは以下のように設定されている．プログラムとともに概要を示す．

（1） **ディジタルI/Oピン**：14本（pin 0〜13）

- 関数 **pinMode**（pin, INPUT/OUTPUT）であらかじめpinを入力または出力に設定する．
- 出力では，関数 **digitalWrite**（pin, HIGH/LOW）でpinにHIGH（1）またはLOW（0）を出力する．出力電流は各端子でソース電流I_{OH}，シンク電流I_{OL}ともに最大40 mAとれる．合計では最大200 mAまで使用できる．
- 入力では，$x=$**digitalRead**（pin）により指定したpinのレベルを読み取る．結果は整数$x=0$（LOW）または1（HIGH）が得られる．

（2） **アナログ出力ピン**：6本（pin 3，5，6，9，10，11）

- ディジタルI/Oピンのうち6本はアナログ出力（実際はPWM）として使用できる．PWMについては後述する．
- 関数 **analogWrite**（pin, x）で出力する．指定したpinへ整数$x=0$〜255（8ビット）に対応したデューティ比のパルス信号を出力する．

（3） **アナログ入力ピン**：6本（pin 0〜5）

- $x=$**analogRead**（pin）で入力する．指定したpinから電圧0〜5 Vに対応する整数$x=0$〜1023（10ビット）の値を読み取る．
- ディジタルピンとして使うこともできる．この場合，pin 14〜19となる．

（4） **ポート操作**：ポート B，C，D

ポートレジスタを通じて複数の I/O ピンを同時に高速に操作できる。ポート B，C，D は以下に示す 3 つのレジスタでコントロールされる。

・**DDR** レジスタはポートのピンが入力（0）か出力（1）かを決定する。
　例）DDRB＝B001111；//ポート B の $PB_0 \sim PB_3$ を出力，PB_4，PB_5 を入力に設定する。"B001111" の B は 2 進数を表す。

・**PORT** レジスタはピンの HIGH/LOW を制御する。
　例）PORTB＝B001001；//ポート B の PB_0，PB_3 を HIGH に，残りを LOW にする。

・**PIN** レジスタは入力ピンの状態を読み取る。
　例）x＝PINB；//ポート B のディジタル入力を読み取る。

7.1.3　オープンドレイン出力と内蔵プルアップ

マイコンの出力には**オープンドレイン出力**が多い。通常オープンドレイン出力の場合，出力の論理を H レベルにするためには図 **7.4**(a)に示すように出力をプルアップする必要がある。ただし，最近のマイコンでは図(b)に示すように**内蔵プルアップ抵抗**をソフトウェアで有効にする機能があることが多い。Arduino では **digitalWrite**(pin, HIGH) を実行すると内蔵プルアップ抵抗が有効となる。そのため，外付けプルアップ抵抗を接続する必要はない。

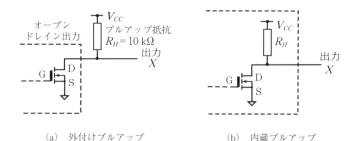

(a) 外付けプルアップ　　　(b) 内蔵プルアップ

図 **7.4**　外付けプルアップと内蔵プルアップ

7.1.4 LED の点灯回路

LED を点灯させるには 10 mA 程度の電流を流せばよいが，Arduino はソース電流 I_{OH}，シンク電流 I_{OL} ともに最大 40 mA とれることから，出力が L，H いずれの場合も動作する．ただし，図 7.5(a)，(b) に示すように出力レベルの違いによって点灯回路が異なる．マイコンの出力 L で点灯させる場合はシンク電流 I_{OL} を，H で点灯させる場合はソース電流 I_{OH} を使うことに注意しなければならない．シンク電流 I_{OL} を使う場合は LED 点灯用に外部電源を使うこともできる．

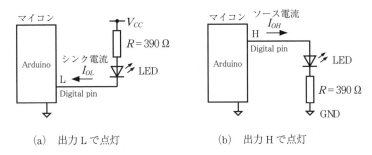

(a) 出力 L で点灯　　　　(b) 出力 H で点灯

図 7.5 出力レベルによる LED の点灯回路の違い

例題 7.1　図 7.5(b) の回路でディジタルピン 13 に接続した LED を 1 秒ごとに点滅させるプログラムを作成せよ．

解　答　あらかじめ pinMode(pin, OUTPUT) で pin を出力に設定しておくと，digitalWrite(pin, HIGH) により LED が点灯する．この状態は消灯の命令がくるまで保持（ラッチ）される．プログラム例を**リスト 7.1** に示す．Arduino では必ず setup

リスト 7.1　LED の点滅プログラム

```
1   // LED を 1 秒ごとに点滅させる
2   const int LED = 13;              // LED はディジタルピン 13 に接続
3   void setup() {                   // 初期化
4     pinMode(LED, OUTPUT);          // ディジタルピン 13 を出力に設定
5   }
6   void loop() {                    // 無限ループ
7     digitalWrite(LED, HIGH);       // LED を点灯（H）
8     delay(1000);                   // 1 秒 (1000ms) 待つ
9     digitalWrite(LED, LOW);        // LED を消す（L）
10    delay(1000);                   // 1 秒待つ
11  }
```

( ) と loop( ) の2つの関数が存在する。setup( ) は初期化のため一度だけ実行される。loop( ) では繰り返し実行される。これだけでプログラムが完成する。

7.1.5 リレーの駆動

図 7.6 はマイコンボード Arduino による小型リレーの駆動を示す。ポートの出力を L にすると，シンク電流 I_{OL} （≦40 mA）がリレーのコイルを励磁することからスイッチが入り，機械を動かすことができる。このとき，リレーにはマイコンの電源 V_{CC} と異なる外部電源 V_{DD} をつなぐことができる。

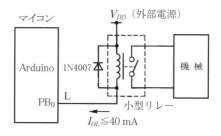

図 7.6 小型リレーの駆動

大型のリレーやモータなど 40 mA を超える駆動電流が必要な場合は，出力ポートにドライバを接続すればよい。**図 7.7**(a) はドライバとしてリレー駆動用によく使われる**ダーリントントランジスタアレイ**（Darlington transistor array）ULN 2003A のピン配置を示す。7組の素子の内部構成と接続法は図(b)に示す

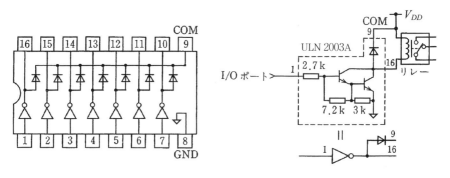

(a) ピン配置 (b) 内部構成と接続法

図 7.7 ダーリントントランジスタアレイ ULN 2003A

とおりである．ULN 2003A はマイコンの出力ポートに直接接続でき，耐圧 50 V で最大 500 mA のシンク電流を制御できる．また，トランジスタの OFF 時にコイルに発生する高い電圧（逆起電力）を逃がすためのダイオードを IC 内部にもっており，ダイオードを外付けする必要がないことから便利である．

7.1.6 アナログ入出力

[1] アナログ入力

Arduino のアナログ入力では，指定した pin のアナログ入力電圧 V（0〜5 V）が x＝**analogRead**（pin）により 10 ビットのディジタル量（10 進数の整数では x＝0〜1023）に変換されて読み取られる．読み取られた値 x からアナログ入力電圧 V は容易に換算できる．すなわち，x＝0 のときは V＝0 V，x＝512（1000 0000 0000$_B$）のときは V＝5×512/1024＝2.50 V，最大値 x＝1023（11 1111 1111$_B$）のときは V＝5×1023/1024＝4.995 V≒5.0 V となる．

このようにアナログ量をディジタル量に変換することを **A-D 変換**（analog to digital conversion）といい，変換器を **A-D コンバータ**（A-D converter）という．Arduino は 10 ビットの A-D コンバータをもっており，1024 階調で 1 LSB 当たりの電圧は $5/2^{10}$＝4.88×10^{-3} V＝4.88 mV である．ディジタル値とアナログ電圧の関係は**図 7.8** および**表 7.2** のようになる．

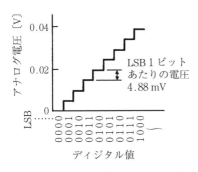

図 7.8　ディジタル値とアナログ電圧の関係

表 7.2　ディジタル値とアナログ電圧

ディジタル値（10 ビット）			アナログ電圧
2 進数	16 進数	10 進数	0〜5V
00 0000 0000	000$_H$	0	0.000V
00 0000 0001	001$_H$	1	0.005V
〜	〜	〜	〜
10 0000 0000	200$_H$	512	2.500V
〜	〜	〜	〜
11 1111 1111	3FF$_H$	1023	4.995V

[2] アナログ出力

上記とは逆にディジタル量をアナログ量に変換することを **D-A 変換**（digital to analog conversion）といい，変換器を **D-A コンバータ**（D-A converter）という。ただし，Arduino では D-A コンバータをもたず，代わりに **PWM**（pulse width modulation：**パルス幅変調**）方式をとっている。これは**図 7.9** に示すようにパルスの周期 T を一定にして，H レベルの期間のパルス幅 T_1 を変えて見かけ上アナログ電圧に似せて出力する方式である。これによりスイッチングパルスのデューティ比 T_1/T を 0～1.0 の間で段階的に変化させる。

Arduino では，指定した pin へ **analogWrite**(pin, x) により整数 $x=0$～255（8 ビット）の 256 階調でデューティ比を変えたパルス信号を出力する。したがって，デューティ比 T_1/T は $x=0$ のときは 0，$x=128$（80$_\mathrm{H}$）のときは 128/256=0.5，最大値 $x=255$（FF$_\mathrm{H}$）のときは 255/256=0.996≒1.0 となる。Arduino Uno の PWM のパルス周波数は約 500 Hz（Digital pin 3, 9, 10, 11）と約 1 kHz（pin 5, 6）であり，高速にスイッチングする。

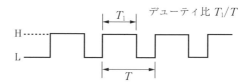

図 7.9 PWM におけるデューティ比

例題 7.2 マイコン Arduino のアナログ入力に接続した可変抵抗のつまみを回すと，その回転角度に対応して LED の明るさを変える回路とプログラムを作成せよ。

解 答 図 7.10 に示す回路において可変抵抗 VR の中間端子の電圧を x

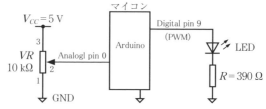

図 7.10 アナログ入力電圧で LED の明るさを変える回路

=analogRead(pin)で読み取り，値を1/4にしてanalogWrite(pin, $x/4$)で出力すると，PWM方式によりLEDの明るさを変えることができる．値を1/4にするのはアナログ入力が1024階調であるのに対して出力が256階調であることによる．プログラム例を**リスト7.2**に示す．PWMのパルスの周波数は十分高いため，人間の目にはLEDの点灯でちらつきは感じない．

リスト7.2 可変抵抗でLEDの明るさを変えるプログラム

```
1    // 可変抵抗でLEDの明るさを変える
2    const int LED = 9;           // LEDはディジタルピン9に接続
3    int x = 0;                   // アナログ電圧の変数
4    void setup() {               // 初期化
5      pinMode(LED, OUTPUT);      // ディジタルピン9を出力に設定
6    }
7    void loop() {                // 無限ループ
8      x = analogRead(0);         // pin 0から値を読み込む
9      analogWrite(LED, x/4);     // 入力電圧に対応したLEDの明るさ
10     delay(10);                 // 少し待つ (10ms)
11   }
```

7.2 スイッチ入力

7.2.1 プルアップとプルダウン

すでに4.4.5項でスイッチ入力におけるプルアップとプルダウンの必要性を述べた．**図7.11**はマイコンの入力ポートにおけるスイッチ入力の方法を示す．最近のマイコンは内部の回路構成がMOS FETでできているため，入力電流 I_{IH}, I_{IL} はともに 1 μA 以下ときわめて小さい．このため，スイッチ入力には図(a)に示すプルアップと図(b)に示すプルダウンのいずれでもよく，10 kΩ

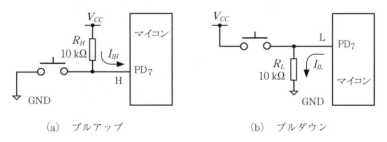

(a) プルアップ　　　　　(b) プルダウン

図7.11 スイッチ入力

程度の抵抗が接続される。スイッチが OFF のときの入力は，プルアップでは確実に H となるのに対し，プルダウンでは L となる。マイコンではプルアップ抵抗やプルダウン抵抗が内蔵され，プログラムで有効になる場合もあるが，確認することが必要である。

7.2.2 チャタリング防止

スイッチなど機械的な接点は，切換え時に数 ms 程度振動して接触を繰り返した後に安定する。このチャタリングと呼ばれる現象は，不規則なパルスを発生させるため，ディジタル回路で誤動作の原因になる。スイッチが押された回数を数える場合にもチャタリング防止が必要になる。

チャタリング防止には図 5.4 に示した RS-FF を利用する方法のほかにプログラムによる方法がある。この場合，チャタリングが起きている間は一時的に待機させ次の命令をさせないようにする。すなわち，スイッチの切換えを認識したら 10〜50 ms 程度待機させるのが有効である。

例題 7.3 スイッチが押された回数をマイコンボード Arduino でカウントし，7 セグメント LED 表示器で表示する回路とプログラムを示せ。ただし，チャタリング防止はプログラムによるものとする。

解　答 図 7.12 のようにスイッチ入力の変化をマイコンで検知し，カウントしたパルスの数をポート B の 4 ビットのデータ PB_3〜PB_0 で出力し，7 セグメントデコーダ／ドライバで LED 数字表示器を点灯させればよい。プログラム例を**リスト 7.3**に示す。スイッチの ON-OFF の変化をカウントする際，スイッチのチャタリングに

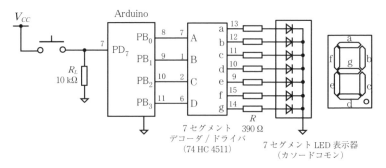

図 7.12　スイッチのカウント表示回路

リスト 7.3　スイッチが押された回数を表示するプログラム

```
1   //プッシュボタン(SW)を押した回数を数え，表示する
2   const int BUTTON = 7;              // 押しボタンの接続ピン 7
3   int val = 0;                        // 入力ピンの状態を記憶する変数
4   int old_val = 0;
5   int count = 0;                      // カウント数
6   void setup() {
7     DDRB = B001111;                   // ポートBのピン 8～11 を出力(1)に設定
8     pinMode(BUTTON, INPUT);           // ボタンを入力に設定
9   }
10  void loop() {
11    PORTB = count;                    // ポートBにカウント数を出力
12    val = digitalRead(BUTTON);        // 入力を読み取り，val に格納
13    delay(20);                        // 20ms 時間待ち（チャタリング防止）
14    if (val == 1 && old_val == 0) {   // パルスの立上りをチェック
15      old_val = 1;
16      count = count +1;               // カウントを+1 する
17      if (count == 10) {              // カウントを 10 でリセット
18        count = 0;
19      }
20    }
21    if(val == 0 && old_val == 1) {    // パルスの立下りをチェック
22      old_val = 0;
23    }
24  }
```

よる誤動作を防ぐため 20 ms の時間待ちを入れてある。

7.3　ステッピングモータの駆動

7.3.1　ステッピングモータの特徴

ステッピングモータ（stepping motor）は**ステップモータ**（step motor）あるいは**パルスモータ**（pulse motor）とも呼ばれ，パルスによってディジタル的に制御できることから，プリンタのヘッド駆動や紙送り機構などメカトロニクスの分野で幅広く用いられている。

ステッピングモータの長所はつぎのようである。

（1）　入力のパルス数に比例した回転角度を正確に実現できる。

（2）　1 ステップあたりの角度誤差が少なく，誤差は累積されない。

（3）　停止状態で自己保持力がある。

（4） 構造および駆動回路が簡単である。

ただし，つぎの欠点がある。

（1） 大きく，重い。

（2） 高速回転が困難（脱調を起こす）。

（3） 電力消費が大きい。

7.3.2 駆動原理と励磁方式

一般的なステッピングモータは，図 7.13 に示すように 4 相（A, B, $\overline{A}$, $\overline{B}$ 相）の励磁コイルが巻かれている。原理的には図 7.14 に示すようにスイッチで直流電流を流すコイルを A 相，B 相，$\overline{A}$ 相，$\overline{B}$ 相の順に切り換えると，そのつどモータはステップ的に一定角度だけ回転する。このスイッチの切換え方法によってステッピングモータを駆動する励磁方式にはつぎの 3 種類がある。

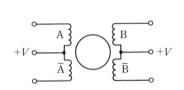 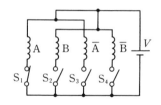

図 7.13　ステッピングモータの内部結線　　図 7.14　スイッチによるステッピングモータの駆動

（1） **1 相励磁方式**：各相を順次励磁する方式。

（2） **2 相励磁方式**：隣接する 2 相を順次励磁する方式。相切換え時も必ず 1 つの相は励磁される。

（3） **1-2 相励磁方式**：1 相と 2 相を交互に励磁する方式。規格の半分の角度（half step：**ハーフステップ**）で回転する。

図 7.15(a)～(c)は上記の励磁方式における各相の励磁状態のタイムチャートを示す。一般に図(b)の 2 相励磁方式が多く使われる。これは 4 つのコイルのうち電流を流す 2 つの相を切り換えて（シフトさせて）1 ステップずつ進ませていく方式で，振動が少なく，駆動トルクが大きい利点がある。

1 ステップ角は 1.8°（あるいは 0.9°）のものが多く，この場合は 200 ステッ

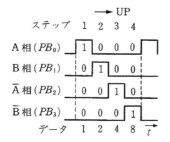
(a) 1相励磁方式

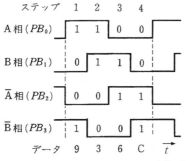
(b) 2相励磁方式

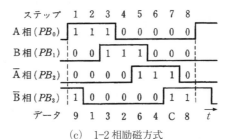
(c) 1-2相励磁方式

図7.15 ステッピングモータの励磁方式

プ（あるいは400ステップ）で1回転する。回転速度は励磁のパターンを出力する時間間隔を変えることで調整できる。

7.3.3 ステッピングモータの駆動回路

図 7.16 にステッピングモータの駆動回路例を示す。ステッピングモータ PK244-02A は定格電圧 6 V，定格電流 0.8 A/相（巻線抵抗 7.5Ω/相），ステップ角度 1.8° であり，5 V 電源でも動作する。GND は太い導線でマイコン側の GND と接続する。

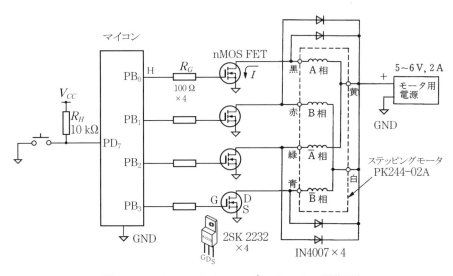

図 7.16　マイコンによるステッピングモータの駆動回路

ステッピングモータの駆動には大きな電流をスイッチングする必要があるため，エンハンスメント形 nMOS FET が使われる。この駆動回路でマイコンのポート B のビット $PB_0 \sim PB_3$ が "1"（H レベル）となると，nMOS FET の 2SK 2232 が ON となり，ドレイン電流が流れてステッピングモータのコイルが励磁される。MOS FET はダーリントン・トランジスタに比べて損失による発熱が非常に小さい。コイルと並列に接続されたダイオードは，FET が OFF となったときにコイルに発生する逆起電力を逃し，FET が破壊されるのを防ぐ。

7.3.4 プログラムによる駆動

ステッピングモータの各相の励磁をマイコンの出力ポートへの指令で行うと，プログラムによりステッピングモータを駆動させることができる。

例題 7.4 図 7.16 の駆動回路でステッピングモータを 2 相励磁方式で駆動させるプログラムを作成せよ。ただし，マイコンボード Arduino を用いて，スイッチが押されたらモータを 200 ステップだけ回転させる。

解　答 ステッピングモータの 4 相のコイル A, B, $\overline{A}$, $\overline{B}$ はマイコンの B ポートのビット $PB_0 \sim PB_3$ が "1" のとき励磁する。$PB_0 \sim PB_3$ のビットの重みは $2^0 \sim 2^3$ であり，2 相励磁方式では図 7.15(b) のタイムチャートからわかるように 16 進数の 9, 3, 6, C を順に出力すると，モータは 1 ステップずつ回転する。この逆の順序でデータを送るとモータは逆回転する。プログラム例を**リスト 7.4** に示す。B ポートの 4 ビットを同時に出力させるため，ポート操作を行う。"0x9" の 0x は 16 進数を表す。4 ステップ×50 回の繰り返しで 200 ステップ（1 回転）の回転となる。

リスト 7.4　ステッピングモータの 2 相励磁駆動プログラム

```
1   //プッシュボタン (SW) を押すと，200 ステップ回転する
2   const int BUTTON = 7;        // 押しボタンの接続ピン 7
3   int val = 1;                 // 入力ピンの状態を記憶する変数
4   int tp = 10;                 // 待ち時間 (10ms)
5   void setup() {
6     DDRB = B001111;            // ポート B のピン 8～11 を出力 (1) に設定
7     pinMode(BUTTON, INPUT);    // ボタンは入力に設定
8   }
9   void loop() {                // 繰り返し実行
10    val = digitalRead(BUTTON); // 入力を読み取り，val に格納
11    if (val == 0) {
12      for (int i=1 ; i<=50 ; i++) {  // ボタンが押されたら，50 回繰り返す
13        PORTB = 0x9;           // 1 ステップ（ポート B にデータ $9_H$ を出力）
14        delay(tp);             // 待ち時間
15        PORTB = 0x3;
16        delay(tp);
17        PORTB = 0x6;
18        delay(tp);
19        PORTB = 0xC;
20        delay(tp);
21      }
22    }
23  }
```

7.4 DCモータのPWM制御

7.4.1 DCモータの等価回路

DCモータの等価回路は**図7.17**のように抵抗RとインダクタンスLの直列回路で表される。インダクタンスは1.3節で見てきたように電流を流そうとしても急に流れることはできない性質をもつ。逆に電流が遮断されるとインダクタンスには逆起電力が発生するため，ダイオードが取り付けられる。

ここでトランジスタなどで電流のON/OFFをスイッチングする場合，スイッチング周期Tをモータの時定数

$$T_M = \frac{L}{R} \quad [\text{s}] \tag{7.1}$$

より短くすると，モータを流れる電流は間欠的ではなくなる。

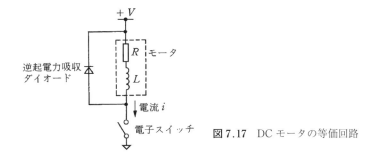

図7.17 DCモータの等価回路

7.4.2 PWM方式による駆動

DCモータの速度制御には，印加電圧Vを変化させるのではなく，**図7.18**に示すようにモータを駆動するスイッチングパルス（周期T）のデューティ比T_1/Tを変化させるPWM方式が用いられる。これによりディジタル的な制御が可能となる。デューティ比T_1/Tを増すとモータに流れる電流iの時間平均値は増加し，その結果DCモータの速度は上昇する。ここで電流iの変動はモータおよび負荷の慣性力に吸収されるため，モータの速度変動はほとんど無

7.4 DC モータの PWM 制御   169

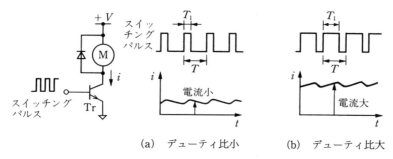

(a) デューティ比小　　　(b) デューティ比大

図 7.18　PWM（パルス幅変調）方式の原理

視できる。

7.4.3　コンピュータによる DC モータの制御

図 7.19 に示すように DC モータのドライバ（ここではパワー MOS FET）にマイコンのポート，例えばポート B のビット PB_1 から PWM 信号を与えるようにすれば，コンピュータで DC モータの PWM 制御が行える。

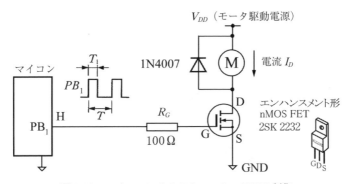

図 7.19　マイコンによる DC モータの PWN 制御

例題 7.5　PWM による速度制御を用いて DC モータの回転速度を 2 秒ごとに低速と高速に切り換えるプログラムを作成せよ。ただし，マイコンボード Arduino を用いることにする。

解　答　Arduino ではディジタルピンのうちアナログ出力（実際は PWM）となるものが用意されている。整数 x を 0〜255（8 ビット）で設定し，関数

analogWrite(pin, x) により出力すると，デューティ比 $x/256$ の PWM 信号が得られる。プログラム例を**リスト 7.5** に示す。

リスト 7.5 DC モータの PWM 制御プログラム

```
1   // DC モータの回転速度を 2 秒ごとに変える
2   const int dc_motor = 9;            // モータへの信号接続ピン 9 (PWM)
3   void setup () {
4   }
5   void loop () {                     // 繰り返し実行
6     analogWrite (dc_motor, 64);      // 低速回転 (PWM 64/256 = 0.25)
7     delay (2000);                    // 待ち時間 (2s)
8     analogWrite (dc_motor, 128);     // 高速回転 (PWM 128/256 = 0.5)
9     delay (2000);
10  }
```

7.4.4 H ブリッジ回路による正逆転 PWM 制御

[1] H ブリッジ回路と原理

単一の電源でモータに加える電圧の向きを変えられる回路として考案されたのが **H ブリッジ**（H bridge）**回路**である。**図 7.20** は DC モータを PWM で正逆転させる H ブリッジ回路の構成と機能を示す。モータをはさんで 4 個のトランジスタが配置されており，その形から H ブリッジ回路と呼ばれる。

この回路の機能には 4 つのモードがある。モータは 4 個のトランジスタのうち対角線上の Q_1 と Q_4 を ON にすると正転，Q_2 と Q_3 を ON にすると逆転する。モータの回転を停止させるときは 4 個のトランジスタすべてを OFF にする。下側の Q_3 と Q_4 を ON にするブレーキは，モータへの電流供給停止後に

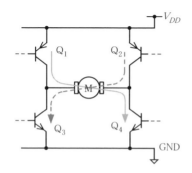

図 7.20 H ブリッジ回路の構成と機能

も流れている電流をグランドに落としてモータを急停止させることを意味する。ただし，この回路で注意すべきことは，電源をショート（短絡）させないこと，すなわち左右トランジスタのそれぞれ上下となる Q_1 と Q_3，あるいは Q_2 と Q_4 を ON にして電流を貫通させないことである。そのため，正転，逆転およびブレーキのモード切換えには必ず短時間のストップモードを入れる必要がある。

正転および逆転のモードにおいて ON とするトランジスタに PWM 信号を加えると，DC モータは速度制御が可能になる。

[2] 正逆転 PWM 制御用 IC

H ブリッジ回路は専用の IC がある。図 7.21 は H ブリッジモータドライバ TA 7291 P の構成とモードを示す。入力 IN 1，IN 2 が H(1) か L(0) かの組合せで出力 OUT 1，OUT 2 には H，L，Z の 3 ステートが出力され，4 つのモードが決められる。入力 IN 1，IN 2 には PWM 信号を加えることができる。TA 7291 P の最大定格は電源電圧が 25 V，出力電流が平均 1 A，ピーク最大 2 A である。逆起電力吸収用のダイオードが内蔵されているほか，熱遮断，過電流保護回路も内蔵されている。正転，逆転およびブレーキのモード切換えには約 100 μs のストップモードを入れることが推奨されている。

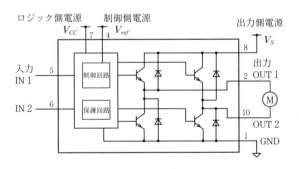

図 7.21　H ブリッジモータドライバ TA 7291 P

[3] マイコンによる制御

図 7.22 は H ブリッジモータドライバ TA 7291 P を用いた場合のマイコンによる DC モータの正逆転 PWM 制御を示す。マイコン（Arduino Uno）の I/O

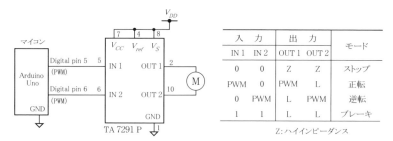

図 7.22 マイコンによる DC モータの正逆転 PWM 制御

のディジタルピン 5, 6 は PWM 信号を出力できるので，モータドライバ TA 7291 P の入力 IN 1, IN 2 につなぐと，プログラムで DC モータの正逆転 PWM 制御を行うことができる。

例題 7.6 図 7.22 に示した回路で DC モータを 1 秒ごとに正転，停止（ストップ），逆転，停止の動作を繰り返すプログラムを作成せよ。

解　答　Arduino ではアナログ出力関数 analogWrite(pin, x) により整数 $x=$ 0～255（8 ビット）に対してデューティ比 $x/256$ となる PWM 信号を出力できる。プログラム例を**リスト 7.6** に示す。

リスト 7.6　DC モータの正逆転 PWM 制御プログラム

```
1  // DC モータを1秒ごとに正転，停止，逆転，停止を繰り返す
2  const int pwm_in1 = 5;        // IN1の接続ピン5(PWM)
3  const int pwm_in2 = 6;        // IN2の接続ピン6(PWM)
4  void setup() {
5    analogWrite(pwm_in2, 0);    // IN2 = Lにセット
7  }
8  void loop() {                 // 繰り返し実行
9    analogWrite(pwm_in1, 192);  // 正転（PWM 192/256 = 0.75）
10     delay(1000);               // 待ち時間（1000ms）
11   analogWrite(pwm_in1, 0);    // stop
12     delay(1000);
13   analogWrite(pwm_in2, 192);  // 逆転（PWM）
14     delay(1000);
15   analogWrite(pwm_in2, 0);    // stop
16     delay(1000);
17 }
```

7.5 ホトカプラとホトインタラプタ

回路や装置間のインタフェースに光素子が使われることも多い。代表的なものにホトカプラとホトインタラプタがある。

7.5.1 ホトカプラ

[1] 内部構造

ホトカプラ（photocoupler）は**図7.23**(a)に示すように発光素子のLEDと受光素子の**ホトトランジスタ**（phototransistor）がパッケージに納められたものであり，入出力間の電気的な**絶縁**（isolation）をとるために用いられる。図(b)はダーリントントランジスタ形を示す。ホトトランジスタは，トランジスタとしての接合部に光を当てるとコレクタ電流が変化する**光電変換**（photo-electric conversion）機能を有するもので，LEDの入力電流をI_F，ホトトランジスタの出力電流をI_Cとすると，**CTR**（current transfer ratio：電流伝達比または変換効率〔%〕）は次式で定義される。

$$CTR = \frac{I_C}{I_F} \tag{7.2}$$

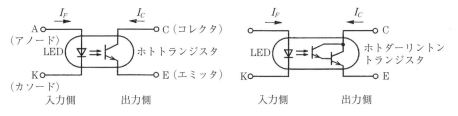

(a) 一般的なホトカプラ　　　(b) ホトダーリントントランジスタ形

図7.23 ホトカプラの内部構造

[2] 利用法

図7.24はコンピュータと機械とのインタフェースにおけるホトカプラの使用例を示す。モータなどの駆動に大電流でかつスイッチングを伴う場合におい

174   7. コンピュータと機械とのインタフェース

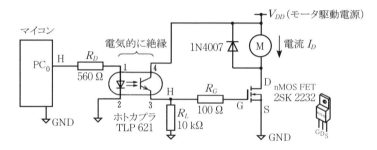

図7.24 ホトカプラによるアクチュエータ駆動

ても,電気的な絶縁によりノイズなどの影響をコンピュータ側に及ぼさない。マイコンの出力をHとすると,ホトトランジスタはスイッチの役割をはたしてONとなることから,nMOS FETのゲート電圧はHとなり,大きなドレイン電流I_Dが流れてモータを駆動する。

図7.25はホトカプラを用いた信号の長距離伝送を示す。このようにホトカプラは光による信号伝達を行うので,入力側と出力側が電気的に絶縁されてノイズの影響を受けにくい。途中の信号線は**ツイストペア線**が使われる。抵抗R_Hはオープンコレクタ出力のプルアップ抵抗の役割をする。

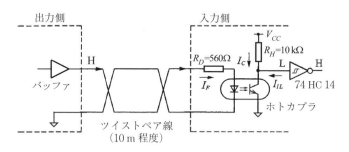

図7.25 ホトカプラを用いた長距離伝送

7.5.2 ホトインタラプタ

[1] 内 部 構 造

図7.26のようにLEDの発光部とホトトランジスタの受光部が間隙をもち,障害物で遮光すると受光素子がOFFとなるように作られたものを**ホトインタ**

7.5 ホトカプラとホトインタラプタ　175

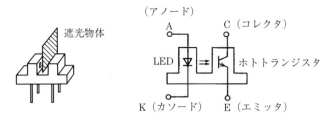

(a) 外観　　　　　　(b) 内部構成

図 7.26　一般的な透過形ホトインタラプタ

ラプタ（photointerrupter）という。小さな物体の通過やスリット円板による回転角度の検出などに幅広く用いられている。この**透過形**のほかに物体に投光して反射光を検出する**反射形**がある。

[2] 利用法

図 7.27 はホトインタラプタによる回転角度検出回路を示す。外周にスリットや小孔を開けた円板を用い，ホトインタラプタの光をさえぎる回数をカウントして回転角度を検出する。このような場合，出力の波形整形のためシュミットトリガ 74 HC 14 が接続される。ホトトランジスタへの入光と遮光によって出力 Y は H レベルと L レベルを繰り返す。このパルスの数をある一定時間カウントすると，回転速度を計測することができる。

ホトインタラプタの出力が**ホトダーリントントランジスタ**の場合，コレク

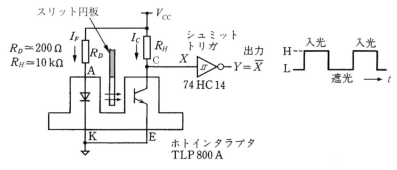

図 7.27　ホトインタラプタによる回転角度検出

タ・エミッタ間飽和電圧が $V_{CE(\text{sat})} \fallingdotseq 1.0\,\text{V}$ と高く，LS-TTL の L レベル入力電圧 $V_{IL} \leqq 0.8\,\text{V}$ を超えてしまうため，直接 LS-TTL を駆動できない。この場合，CMOS の 74 HC シリーズであれば，L レベル入力電圧は $V_{IL} \leqq 1.5\,\text{V}$ と高いことから直接駆動できる。

LED 側の抵抗は内蔵されているものも多い。光を外部に出すことからホトインタラプタの変換効率は低く，出力電流 I_C は小さいため，後段にバッファまたはトランジスタが接続されることが多い。図 7.28 はアンプ内蔵のホトインタラプタで，端子は電源，GND と出力のみの 3 本であり，シンク電流 I_{OL} は最大 16 mA である。オープンコレクタ出力のためプルアップ抵抗 R_H を接続すれば，CMOS，TTL に直結できる。

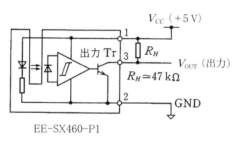

図 7.28　アンプ内蔵ホトインタラプタ (3 端子)[14]

[3] 応用回路

ホトインタラプタを 2 個用い，回転円板のスリットのピッチに対して位置 (1/4 ピッチ) をずらすと，回転方向によって 2 つの出力信号 (A 相と B 相) の位相は図 7.29 のように進んだり遅れたりする。したがって，A 相の立上りで B 相のレベルをみると，H か L かで回転方向がわかる。これが光学式ロー

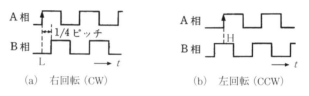

図 7.29　ロータリエンコーダの A 相と B 相のパルス波形

タリエンコーダ（rotary encoder）における回転方向判別の原理である。

演習問題

【1】 マイコンのスイッチ入力において，スイッチが押された回数を計測するときに注意すべきことは何か説明せよ。

【2】 ArduinoのポートDの8ビット PD_0〜PD_7 にそれぞれLEDを接続して1つおきにLEDを点灯させたい。ポート操作によりポートDに出力する2種類のデータを16進数で示せ。

【3】 アナログ電圧 $V=0$〜$5\,\mathrm{V}$ に対応する10ビット A-D コンバータにおいて，得られた値 256（10進数）に対するアナログ電圧を求めよ（小数点以下3位まで）。

【4】 アナログ電圧 $V=0$〜$5\,\mathrm{V}$ に対応する12ビット A-D コンバータの1 LSB 当たりの電圧を求めよ（mV単位で小数点以下3位まで）。

【5】 ステッピングモータの駆動において，2相励磁方式がよく使われる理由を述べよ。

【6】 ステップ角 $1.8°$ のステッピングモータを2相励磁方式により回転させる場合，各ステップの周期を $T=10\,\mathrm{ms}$ としたときのモータの回転速度を rpm で示せ。

【7】 ArduinoにおけるPWMでは，analogWrite(pin, x) により出力信号のデューティ比が8ビットで変えられる。$x=$0xA4（16進数）としたときのデューティ比を求めよ。

【8】 ホトカプラを用いるおもな目的を述べよ。

【9】 ホトインタラプタ2個を用いた光学式ロータリエンコーダの回転方向判別の原理を説明せよ。

アナログICの基礎

アナログ回路（analog circuit）とは連続的な信号であるアナログ信号を取り扱う回路をいう。従来，アナログ回路をトランジスタなどを用いて製作しようとすると，相当高度な電子回路技術と経験が必要であった。ところが，現在ではアナログICの出現により回路の中身は知らなくても，その特性と指定された接続法を知ることで，ディジタルICと同様に簡単にこれを利用することができる。アナログICは**図8.1**に示すように入力信号に対する出力信号の関係が直線的すなわち**線形**（linear）であるものが多く，このため**リニア**（linear）ICともいう。ここではアナログICを代表する**オペアンプ**について説明する。

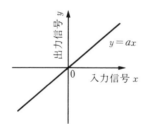

図8.1　線形な入出力特性

8.1　オペアンプの概要

8.1.1　オペアンプとは

オペアンプ（op-amp）とはoperational amplifierの略で，OPアンプとも記す。信号を増幅したり，加算・減算などの計算や微分・積分などもできるため，**演算増幅器**と呼ばれる。

［1］ 回路記号

図 8.2 にオペアンプの回路記号を示す。三角記号はディジタル回路ではバッファを意味したが，アナログ回路では一般に増幅器を表す。オペアンプは 2 つの入力端子と 1 つの出力端子をもった増幅器である。入力信号を＋端子に加えると，出力端子には入力と同位相の出力が現れるが，入力信号を－端子に加えると，入力とは逆相の信号が出力される。このことから－端子を反転入力端子，＋端子を**非反転入力**端子という。

オペアンプは原則として正負の 2 電源端子 V_+, V_- をもち，通常 ±15 V を供給する。

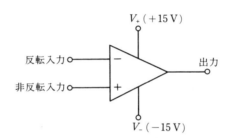

図 8.2　オペアンプの回路記号

［2］ IC のピン配置

図 8.3(a), (b)は代表的な 8 ピンのシングル（single：1 回路）およびデュアル（dual：2 回路）オペアンプのピン配置を示す。この他に 14 ピンで 4 回路

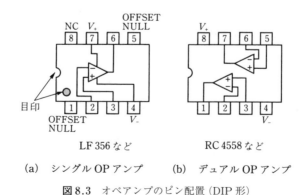

(a)　シングル OP アンプ　　(b)　デュアル OP アンプ

図 8.3　オペアンプのピン配置（DIP 形）

入ったクワッド（quad）オペアンプがある。ディジタル IC と同じく，端子が平行に並んだ DIP 形パッケージが一般的であり，端子番号は IC を上からみて 1 番端子の目印から反時計回りと決まっている。

[3] 電源ライン

実際の配線では，ディジタル IC のときと同様，図 8.4 のようにバイパスコンデンサを入れる。すなわちプリント基板の電源ラインの入口に 10～100 μF の電解コンデンサを置き，オペアンプ 1～数個につき 1 個の割合で 0.01～0.1 μF のセラミックコンデンサをできるだけオペアンプの電源端子の近くに置くようにする。ただし，負電源側に入れる電解コンデンサは極性に注意すべきで，電圧の高い GND にコンデンサの＋側が接続される。

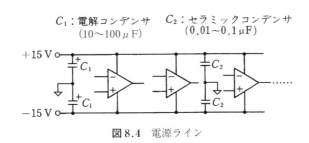

図 8.4　電源ライン

回路図では電源電圧を与えることは周知のこととして，電源ラインを省略する場合も多い。本書でも，特に必要な場合以外は省くことにする。

8.1.2　オペアンプの基本特性

図 8.5 はオペアンプの等価回路を示す。その基本特性はつぎのようである。

(a) 　電圧増幅度 A_0（開ループ）がきわめて大きい：$A_0 \fallingdotseq \infty$
(b) 　**入力インピーダンス** Z_g がきわめて大きい：$Z_g \fallingdotseq \infty$
(c) 　出力インピーダンス Z_0 がきわめて小さい：$Z_0 \fallingdotseq 0$

反転入力（−）の電圧を v_n，非反転入力（＋）の電圧を v_p とすると，オペアンプは 2 つの入力差（差動入力）をきわめて大きな増幅度で増幅し，出力電圧 v_0 は

8.2 オペアンプによる増幅回路

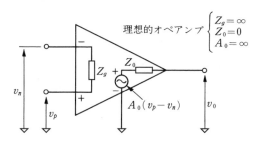

図 8.5 オペアンプの等価回路

$$v_0 = A_0(v_p - v_n) \tag{8.1}$$

で与えられる。これより，$A_0 \fallingdotseq \infty$ に対して v_0 が有限の値を示すときは，$v_n \fallingdotseq v_p$ となる。

オペアンプ自体は無限大に近い増幅度をもっているので，一般に図 8.5 のような開ループ回路のままでは使用せず，有限で一定な増幅度を得るために出力側から入力側へ**負帰還**（negative feedback）をかけた閉ループ回路が用いられる。閉ループ回路の基本には以下に述べる**反転増幅回路**と**非反転増幅回路**の 2 種類がある。

8.2　オペアンプによる増幅回路

8.2.1　反転増幅回路

[1] 動作原理

図 8.6 に示すように，反転入力端子（−）に入力を加えて増幅作用を行う回路を**反転増幅回路**（inverting amplifier）という。反転入力端子（−）に抵抗 R_1 を接続して入力を加え，非反転入力端子（＋）をグランドに接続して用いる。そして**フィードバック抵抗** R_f によって出力より反転入力端子に負帰還がかかっている。

この回路を考える上で重要なことはつぎのとおりである。

(a) オペアンプに電流はほとんど流れ込まず

$$i \fallingdotseq 0 \tag{8.2}$$

182   8. アナログ IC の基礎

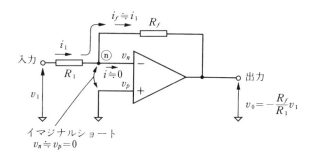

図 8.6 反転増幅器の基本回路

である。これはオペアンプ自体の入力インピーダンス Z_g が非常に大きいことによる。

(b) 出力電圧 v_0 が有限の値になるように負帰還をかけたオペアンプの入力端子間は，あたかもショート（短絡）されたと同じ状態で

$$v_n \fallingdotseq v_p \tag{8.3}$$

となる。この状態を**イマジナルショート**（imaginal short：仮想短絡）という。また，イマジナルショートによって点ⓝにおける電圧 v_n はグランド電位に等しくなるため，これを**仮想接地**（virtual ground）ともいう。ただし，実際にショートしているのではないので，グランド（GND）へ電流は流れない。

[2] 電圧増幅度

例題 8.1 図 8.6 の反転増幅回路の電圧増幅度を求めよ。

解答 式（8.2）の成立より，信号源からの電流 i_1 はすべてフィードバック抵抗 R_f へ流れて，$i_1 = i_f$ となる。このことから次式が成り立つ。

$$i_1 = \frac{v_1 - v_n}{R_1} = \frac{v_n - v_0}{R_f} \tag{8.4}$$

ここで，点ⓝにおける電圧 v_n は仮想接地の成立より $v_n = 0$ となることから，出力電圧 v_0 は次式で表される。

$$v_0 = -\frac{R_f}{R_1} v_1 \tag{8.5}$$

したがって，電圧増幅度 A_v（$= v_0/v_1$）は

$$A_v = -\frac{R_f}{R_1} \tag{8.6}$$

となり，2つの抵抗の比 R_f/R_1 で決定される。負の符号は位相（極性）が反転することを示す。

［3］ 入出力電圧の関係

反転増幅器の入出力電圧の関係は，図8.6の点ⓝにおける電圧が零（仮想接地）として作動することから，**図8.7**で点ⓝを作用点とした抵抗 R_1, R_f のレバー比で表現できる。入力抵抗 R_1 の値は，小さすぎると入力インピーダンスの低下となり，信号源に対して大きな負担となるため，普通 $10 \sim 100$ kΩ 程度が選ばれる。これらの抵抗には精度1％の金属皮膜抵抗が適する。

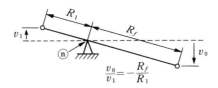

図8.7 反転増幅の入出力関係[1]

例題8.2 図8.6の反転増幅回路で入力抵抗 $R_1 = 10$ kΩ，フィードバック抵抗 $R_f = 200$ kΩ のとき，**図8.8**の入力信号 v_1（実線）に対する出力信号 v_0 を示せ。

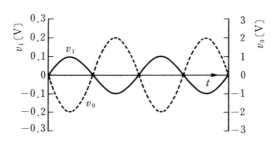

図8.8 反転増幅回路の入出力電圧波形

解　答　出力電圧 v_0 は式 (8.5) より
$$v_0 = -\frac{R_f}{R_1} v_1 = -\frac{200}{10} v_1 = -20 v_1$$
となる。したがって，電圧増幅度は $A_v = -20$ となり，出力信号 v_0 の波形は極性が反転して図8.8の破線ようになる。

8.2.2 非反転増幅回路

図 8.9 に示すように，非反転入力端子（＋）に入力を加えて増幅作用を行う回路を**非反転増幅回路**（noninverting amplifier）という。反転入力（－）側に抵抗 R_1 を接続して接地し，出力からフィードバック抵抗 R_f によって反転入力端子に負帰還がかかっている。

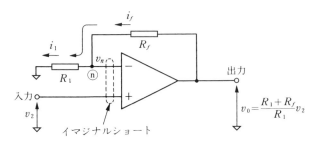

図 8.9 非反転増幅器の基本回路

[1] 電圧増幅度

例題 8.3 図 8.9 の非反転増幅回路の電圧増幅度を求めよ。

解答 オペアンプ自体の入力インピーダンス $Z_g \fallingdotseq \infty$ から電流は $i_1 \fallingdotseq i_f$ となるので，点ⓝにおける電圧 v_n は抵抗 R_1, R_f で分圧されてつぎのようになる。

$$v_n = \frac{R_1}{R_1 + R_f} v_0 \tag{8.7}$$

イマジナルショートにより入力電圧は $v_2 = v_n$ となることから，出力電圧 v_0 は

$$v_0 = \frac{R_1 + R_f}{R_1} v_2 \tag{8.8}$$

となる。これより，非反転増幅回路では，出力電圧は入力電圧と同位相になり，電圧増幅度は

$$A_v = \frac{R_1 + R_f}{R_1} = 1 + \frac{R_f}{R_1} \tag{8.9}$$

となることがわかる。この入出力電圧の関係は，点ⓝの電圧が入力電圧 v_2 に等しくなるように作動することから，**図 8.10** に示すように抵抗値のレバー比 $(R_1 + R_f) : R_1$

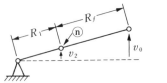

$$\frac{v_0}{v_2} = \frac{R_1 + R_f}{R_1}$$

図 8.10 非反転増幅の入出力関係[1]

で表現できる。

非反転増幅回路の特徴は入力インピーダンスが非常に大きいことである。しかし，電圧増幅度を $A_v<1$ にすることはできない。

[2] 電圧利得

増幅度を**デシベル〔dB〕**で表したものは特に**利得**（gain：**ゲイン**）と呼ばれる。電圧増幅度 A_v と**電圧利得** G_v には，つぎの関係がある。

$$G_v = 20 \log_{10} A_v \text{〔dB〕} \tag{8.10}$$

例えば電圧増幅度が 100 倍のとき，電圧利得は $G_v = 20 \log_{10} 10^2 = 40$ dB と表す。

表 8.1 に電圧利得 G_v〔dB〕と電圧増幅度 A_v の関係を代表的な数値で示す。増幅度が 1 以下（減衰）のとき，デシベル表示では負の値となる。

表 8.1 電圧利得 G_v と電圧増幅度 A_v の関係

電圧利得 G_v 〔dB〕	60	40	20	6	3	0	-6	-20
電圧増幅度 A_v 〔倍〕	10^3	10^2	10	2	$\sqrt{2}$	1	1/2	1/10

8.2.3 差動増幅回路

2 つの入力の差を増幅する回路を**差動増幅回路**（differential amplifier）という。

例題 8.4 図 8.11 の差動増幅回路における入出力電圧の関係を求めよ。

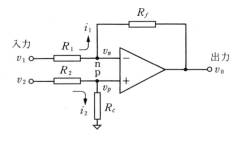

図 8.11 差動増幅器

【解 答】 オペアンプにはほとんど電流は流れ込まないことから，抵抗 R_1 と R_f を流れる電流は等しく，点 n の電圧を v_n とすると，次式が得られる。

$$\frac{v_1 - v_n}{R_1} = \frac{v_n - v_0}{R_f} (= i_1) \tag{8.11}$$

これより，出力電圧 v_0 は次式で求められる．

$$v_0 = \left(1 + \frac{R_f}{R_1}\right) v_n - \frac{R_f}{R_1} v_1 \tag{8.12}$$

ここで，電圧 v_n はイマジナルショートにより点 p の電圧 v_p と等しく，抵抗の分圧から次式で求められる．

$$v_n = v_p = \frac{R_c}{R_2 + R_c} v_2 \tag{8.13}$$

これを式 (8.12) に代入すると，次式を得る．

$$v_0 = \frac{R_c(R_1 + R_f)}{R_1(R_2 + R_c)} v_2 - \frac{R_f}{R_1} v_1 \tag{8.14}$$

ここで，外付け抵抗を $R_1 = R_2$，$R_f = R_c$ とすれば，出力電圧 v_0 は

$$v_0 = \frac{R_f}{R_1} (v_2 - v_1) \tag{8.15}$$

となり，入力電圧の差 $(v_2 - v_1)$ が増幅度 R_f/R_1 で増幅されることになる．

この差動増幅回路は，信号の同相成分が除去されることから，2つの入力信号に共通な雑音の除去回路として利用されることが多い．

例題 8.5 センサからの信号成分が 1 mV の微小信号に対して入力側で 10 mV の雑音成分があると，図 8.12(a), (b) 増幅回路ではどのような違いがあるか．

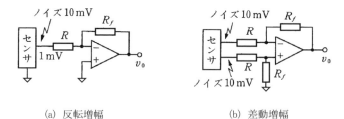

(a) 反転増幅　　　　　　　　(b) 差動増幅

図 8.12 微小信号増幅回路の違い[2)]

解 答 図 8.12(a) の単なる反転増幅回路では出力信号は $v_0 = -(R_f/R) \times (0.001 + 0.01)$ V となり，雑音成分も増幅されるが，図(b)の差動増幅にすると，2つの入力信号に共通な雑音成分は除去され，出力信号は $v_0 = -(R_f/R) \times 0.001$ V となって信号成分のみが増幅される．

8.2.4 ボルテージホロア

図 8.13 に示す回路は，図 8.9 の非反転増幅回路において入力抵抗 $R_1=\infty$，フィードバック抵抗 $R_f=0$ とした特別な場合で，**ボルテージホロア**（voltage follower：**電圧ホロア**）と呼ばれる．式（8.8）から $v_0=v_2$ で，入力電圧がそのまま出力電圧となる．入力インピーダンスが非常に大きく，出力インピーダンスは非常に小さくなる利点を持つことから，**バッファ**（緩衝器）として使われることが多い．

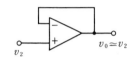

図 8.13 ボルテージホロア回路

8.2.5 オフセット調整

オペアンプによる増幅器において，入力電圧を 0 V としたときに出力電圧が 0 V とならない場合，この電圧を**オフセット電圧**（offset voltage）という．LF 356 などの 8 ピンのシングルオペアンプにはオフセット電圧を零にするための調整回路が内蔵されており，可変抵抗をつなぐ 2 個の端子が用意されている．図 8.14 は FET 入力タイプのオペアンプ LF 356 による反転増幅回路にオフセット調整回路をつけ加えたことを示す．**オフセット調整**では入力端子を接地した状態（$v_1=0$ V）で出力電圧が $v_0=0$ V になるように可変抵抗（トリマ）VR を調整する．このような調整は回路の電源を入れた後，しばらくして熱的に安

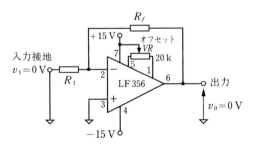

図 8.14 オフセット調整

定な状態になってから行う。

オフセット電圧の調整は，オフセット電圧が無視できないほどの微小な信号を扱う場合に必要であるが，大きな振幅の信号や交流信号を扱う場合は必要でない。このようなときは，オフセット調整端子はオープンのままにしておく。

8.3 オペアンプによる演算回路

8.3.1 コンパレータ

[1] 基本回路

図 8.15(a)に示す**コンパレータ**（comparator：**比較器**）は，2 つの電圧の比較を行う増幅器である。上述の増幅回路と異なり，負帰還をかけていないので，＋・－両入力端子間のイマジナルショートの条件は成立しない。

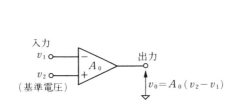

(a) 基本回路　　　　(b) 入出力電圧特性

図 8.15　コンパレータ

（＋）入力の電圧 v_2 を基準電圧として，（－）入力の電圧 v_1 が低い状態，すなわち $v_2 > v_1$ では，出力電圧 v_0 は式（8.1）より

$$v_0 = A_0(v_2 - v_1) \gg 0 \tag{8.16}$$

となり，正の電源電圧 V_+ に近い値まで飽和する。反転入力電圧 v_1 を高めて $v_1 > v_2$ とすると，出力 v_0 は逆に負の電源電圧 V_- に近い値まで下がる。図(b)はこの入出力電圧特性を示す。このようにコンパレータは，増幅器というよりはスイッチのようなディジタル的動作をする。

[2] 応用回路

コンパレータ専用のICとしてLM 311（1回路）やLM 339（4回路）などがある。図8.16(a)はLM 339のピン配置を示す。LM 339は+5Vの片電源でも使用でき，オープンコレクタ出力であるため，アナログ回路とディジタル回路のインタフェース用に都合がよい。図(b)は応用回路例として，入力電圧vに比例してLEDの点灯する数が増えるLEDレベルメータ回路を示す。

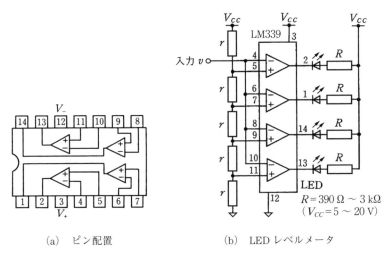

(a) ピン配置　　　(b) LEDレベルメータ

図8.16 コンパレータLM 339のピン配置と応用回路例

[3] 未使用オペアンプの端子処理

デュアルあるいはクワッドオペアンプで使用しないオペアンプは，図8.17のように（＋）入力端子をグランドに，（－）入力端子を出力に接続しておくことが望ましい。これにより他の回路への影響が少なくなる。

図8.17 未使用オペアンプの端子処理

8.3.2 加算回路

いくつかの電圧の和をとる回路は**加算回路**（adder）と呼ばれる。**図 8.18** は反転増幅器を利用した反転形加算回路（inverting adder）である。

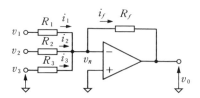

図 8.18 反転形加算回路

例題 8.6 図 8.18 の加算回路における入出力電圧の関係を示せ。

解 答 イマジナルショートによって電圧 $v_n=0$ であり，各抵抗 $R_1 \sim R_3$ を通る電流 $i_1 \sim i_3$ はすべてフィードバック抵抗 R_f へ流れることから，つぎの式が成り立つ。

$$i_f = i_1 + i_2 + i_3 \tag{8.17}$$

$$v_0 = -R_f i_f = -R_f(i_1 + i_2 + i_3)$$

$$= -\left(\frac{R_f}{R_1}v_1 + \frac{R_f}{R_2}v_2 + \frac{R_f}{R_3}v_3\right) \tag{8.18}$$

ここで抵抗 $R_1 = R_2 = R_3 = R_f$ のとき，出力電圧 v_0 は

$$v_0 = -(v_1 + v_2 + v_3) \tag{8.19}$$

となる。これは入力電圧の和をとり，極性を反転させたものになる。抵抗 $R_1 \sim R_3$ の値を変えれば，重み付きの加算ができる。

8.3.3 電流-電圧変換

図 8.19 は電流を電圧に変換する回路を示す。入力電流 i のほとんどが抵抗 R_f を流れ，オペアンプが反転入力（−）をグランド電位にしようと動作（イ

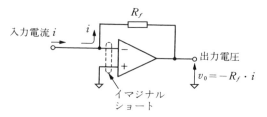

図 8.19 電流-電圧変換回路

マジナルショート）することから，出力電圧 v_0 は次式で与えられる．

$$v_0 = -R_f \cdot i \tag{8.20}$$

すなわち，電流 i に比例した電圧 v_0 に変換することができる．

オペアンプによる微分・積分回路については省略する．

演 習 問 題

【1】 つぎの用語について説明せよ．
　　　(a) イマジナルショート　　(b) ボルテージホロア
【2】 電圧増幅度が $A_v = -1$，すなわち出力電圧が $v_0 = -v_1$ となる符号変換回路を示せ．
【3】 図 8.9 の非反転増幅回路で，$R_1 = 10\,\mathrm{k\Omega}$，$R_f = 100\,\mathrm{k\Omega}$ としたときの電圧増幅度 A_v を求めよ．また，電圧利得 G_v〔dB〕を求めよ．
【4】 図 8.18 の加算回路で $R_1 = R_2 = R_3 = 10\,\mathrm{k\Omega}$，$R_f = 100\,\mathrm{k\Omega}$ とする．入力電圧が $v_1 = 0.3\,\mathrm{V}$，$v_2 = 0.4\,\mathrm{V}$，$v_3 = -0.2\,\mathrm{V}$ のとき，出力電圧 v_0 を求めよ．
【5】 図 8.18 で $R_2 = R_1/2$，$R_3 = R_1/4$，$R_f = R_1$ とするとき，出力電圧 v_0 を求めよ．また，この抵抗値の選定の目的は何か．
【6】 最大入力電流 $10\,\mathrm{mA}$ を $-10\,\mathrm{V}$ の電圧に変換する電流-電圧変換回路を示せ．

引用・参考文献

1章

1) 大橋伸一，他：実用基礎電子回路，コロナ社（1988）
2) 青木英彦：アナログ回路の設計・製作，CQ出版，p.52（1989）
3) 滑川敏彦，他：電子回路1，電気工学入門シリーズ5，森北出版（1990）
4) 藤井信生，他：最新電子回路入門，基礎シリーズ，実教出版，p.29（2004）

2章〜5章

1) 最新汎用ロジック・デバイス規格表，CQ出版（2002）
2) CMOSデジタル集積回路 データシート，東芝（2007）
3) 汎用ロジックIC総合ガイド，東芝（2012）
4) 田所嘉昭：ディジタル回路，新インターユニバーシティ，オーム社（2008）
5) 湯山俊夫：ディジタルIC回路の設計，CQ出版（1986）
6) 加瀬邦夫：ディジタル回路とアナログ回路，基礎エレクトロニクス3，マグロウヒル出版（1988）
7) 白土義男：図解ディジタルICの基礎，東京電機大学出版局（1980）
8) 白土義男：図解ディジタルIC回路のすべて，東京電機大学出版局（2008）
9) 秋谷昌宏，他：わかるディジタル電子回路，わかる工学全書，日新出版（2007）
10) 遠坂俊昭：CMOS-ICえらび方・使い方，プロセッサ・ブックス1，技術評論社，p.94（1987）
11) 西堀賢司，他：ロボット用超音波モータの正逆転パルス幅変調による速度制御，日本機械学会論文集C編，Vol.57，No.538，p.1956（1991）
12) 高木正平：変動入力の平均値を測定する，トランジスタ技術，p.325（1981-4）
13) 宮本義博：ディジタル情報回路の基礎，初歩のディジタル回路2，技術評論社，p.260（1985）
14) 角田秀夫：実用ディジタル回路，東京電機大学出版局（1984）
15) 第1章の文献2），p.22

6章，7章

1) 末松良一：制御用マイコン入門 第2版，図解メカトロニクス入門シリーズ，オーム社（1999）

2) 横山直隆：パソコン・インターフェースの制作実習，HARDWARE BOOKS 2，技術評論社（1986）
3) 須田健二，他：マイコン制御によるメカトロニクス入門，共立出版（1983）
4) 五島奉文，他：図解マイコン　インタフェースの基礎，東京電機大学出版局（1986）
5) 武藤一夫：メカトロニクスとマイコン I，工学図書（1985）
6) Massimo Banzi，船田 巧（訳）：Arduino をはじめよう 第3版，オライリー・ジャパン（2015）
7) 高橋隆雄：Arduino で電子工作をはじめよう！ 第2版，秀和システム（2013）
8) 真壁國昭：ステッピング・モータの制御回路設計，CQ 出版（1987）
9) 中尾喜紀：C 言語と計測制御，工学図書（1992）
10) 武藤高義：アクチュエータの駆動と制御（増補），メカトロニクス教科書シリーズ 3，コロナ社（2004）
11) 西堀賢司，他：レーザを用いたパーソナルコンピュータ制御微圧力計の研究（ファジィ制御による自動マノメータ），日本機械学会論文集 C 編，Vol.58, No.553, p.2675（1992）
12) バイポーラ形リニア集積回路　データシート，東芝（2007）
13) フォトカプラ　データブック，東芝（2008）
14) マイクロセンシングデバイス　データブック，オムロン，p.154（2009）

8 章

1) 岡村廸夫：改訂 OP アンプ回路の設計，CQ 出版，p.16（1983）
2) 第 1 章の文献 3），p.129
3) 白土義男：図解アナログ IC のすべて，東京電機大学出版局，p.135（1986）
4) 角田秀夫：実用オペアンプ回路，東京電機大学出版局（1983）

 **演習問題の解答**

1 章

【1】 (a) 1.1.2 項参照　(b) 1.4.1 項参照　(c) 1.5.3 項参照
　　 (d) 1.5.4 項参照

【2】 (1) (a) 7.5 kΩ（±5 %）　(b) 20 kΩ（±1 %）
　　 (2) (a) だいだい白茶金　(b) 茶黒だいだい金

【3】 $\dfrac{R_2}{R_1+R_2}=\dfrac{1}{1+R_1/R_2}=\dfrac{1}{10}$ より $\dfrac{R_1}{R_2}=9$
　　 したがって，$R_2=R_1/9=2$ kΩ

【4】 (a) 0.1 μF　(b) 0.022 μF　(c) 51 pF

【5】 (1) 直流，交流　(2) 交流，直流

【6】 $V_F\fallingdotseq 2$ V として
　　 $R=\dfrac{V_{DD}-V_F}{I_F}\fallingdotseq (12-2)\text{V}/0.01\text{ A}=1$ kΩ

【7】 (1) npn 形　(2)，(3) **解答図 1.1**

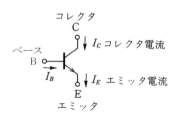

解答図 1.1 npn 形トランジスタの
電極と電流

【8】 (1)，(2) **解答図 1.2**　(3) エンハンスメント，n，MOS，ゲート

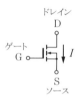

解答図 1.2 エンハンスメント形 nMOS
FET の電極と電流

演 習 問 題 の 解 答   195

2 章
【1】 (a) 2.1.2項の[２]参照　　(b) 2.3節参照
【2】 2.2.2項参照
【3】 (a) $1111100_B = 3C_H = 3 \times 16^1 + 12 \times 16^0 = 60$
　　　(b) $1010101_B = 55_H = 85$
　　　(c) $11111111_B = FF_H = 16^2 - 1 = 255$
【4】 (a) $14 = 1110_B = E_H = 00010100_{BCD}$
　　　(b) $100 = 1100100_B = 64_H = 000100000000_{BCD}$
　　　(c) $1984 = 11111000000_B = 7C0_H$
　　　　　　$= 0001100110000100_{BCD}$
　　　(d) 省略

3 章
【1】 (1) 解答図3.1(a)　　(2) 解答図3.1(b)

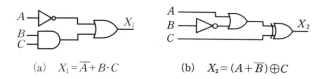

　　　(a) $X_1 = \overline{A} + B \cdot C$　　　(b) $X_2 = (A + \overline{B}) \oplus C$

解答図3.1　論理回路

【2】 $\overline{A \cdot \overline{B} + \overline{A} \cdot B} = (\overline{A \cdot \overline{B}}) \cdot (\overline{\overline{A} \cdot B})$
　　　　　　　　　　$= (\overline{A} + B) \cdot (A + \overline{B}) = \overline{A} \cdot A + \overline{A} \cdot \overline{B} + A \cdot B + B \cdot \overline{B}$
　　　　　　　　　　$= A \cdot B + \overline{A} \cdot \overline{B}$
　　　$(A \cdot \overline{A} = B \cdot \overline{B} = 0 である)$
【3】 (1) $X = A \cdot (B + \overline{C})$　　(2) 解答表3.1　　(3) 解答図3.2

解答表3.1　真理値表

A	B	C	$\overline{C}$	D	X
0	0	0	1	1	0
0	0	1	0	0	0
0	1	0	1	1	0
0	1	1	0	1	0
1	0	0	1	1	1
1	0	1	0	0	0
1	1	0	1	1	1
1	1	1	0	1	1

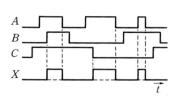

解答図3.2　タイムチャート

【4】 解答図3.3

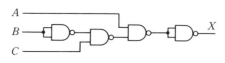

解答図3.3 NANDゲートによる回路

【5】 ExNORゲートの論理式は式(3.5)より $X=A\cdot B+\overline{A}\cdot\overline{B}$ であるから，**解答図3.4**において(a)より変換していくと，(b)を経て(c)となる。

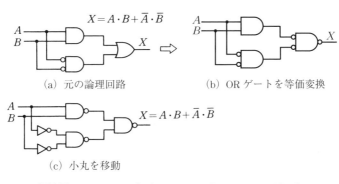

解答図3.4 NANDとインバータによるExNORゲート

4 章

【1】 (a)，(b) 4.3.3項の[2]参照　(c) 4.3.5項参照
【2】 4.4節参照
【3】 （1） TTLの場合，論理レベルはHとなるが，ノイズにより誤動作を起しやすい。
（2） CMOSの場合，論理レベルが不確定となり，不要な大電流が流れたり静電破壊の危険性もある（使用しない素子の入力端子も同様）。
【4】 4.3.3項の[2]参照
【5】 式(4.3)より
$$R \fallingdotseq \frac{V_{DD}-V_F}{I_F} = \frac{(12-2)\text{V}}{0.01\text{A}} = 1\times 10^3 \Omega = 1\text{ k}\Omega$$
【6】 ソース電流は I_{OH} で外向き，シンク電流は I_{OL} で内向きに流れる。
【7】 プルアップのほうがノイズマージンが大きく，スイッチがON状態における消費電流も小さいため（4.4.5項参照）。

【8】 出力にプルアップ抵抗 10 kΩ 程度をつなぎ，一方を電源に接続（プルアップ）する．

【9】 例えば，**解答図 4.2** のように，3 ステートバッファのコントロール入力 C に正論理と負論理のものを使うと，容易に 2 つのデータの切換えをすることができる．$C=$H のとき $Y=A$，$C=$L のとき $Y=B$ となる．

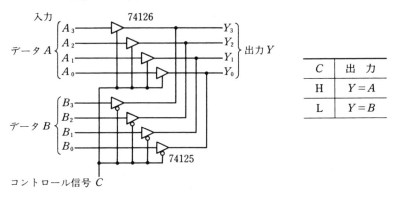

解答図 4.2 4 ビットデータの選択回路

【10】 おもな目的は波形整形である．

5 章

【1】 (a) 5.1 節参照　(b) 5.6.1 項参照　(c) 5.8.2 項参照

【2】 5.1.3 項の[1]参照

【3】 **解答図 5.1** のように D-FF の出力 $\overline{Q}$ を入力 D に接続（フィードバック）すると，出力 Q の反転出力 $\overline{Q}$ がつぎの入力 D となるので，クロックパルス CK の立上りのたびに出力 Q は反転する．すなわち，T-FF となる．

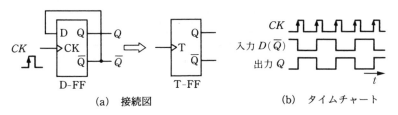

(a) 接続図　　　　　　　　(b) タイムチャート

解答図 5.1 D-FF による T-FF への変換

【4】 解答図5.2

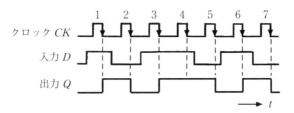

解答図5.2 ダウンエッジ形D-FFのタイムチャート

【5】 解答表5.1に示すように，$\overline{LATCH}=0$のときは$\overline{S}=\overline{R}=1$となるため，出力$Q$は変化しない。すなわち，その直前のデータ$Q_n$がラッチされる。

解答表5.1 真理値表

$\overline{LATCH}$	D	$\overline{S}$	$\overline{R}$	Q	$\overline{Q}$	動作
1	0	1	0	0	1	リセット
1	1	0	1	1	0	セット
0	0	1	1	Q_n	$\overline{Q_n}$	ラッチ
0	1	1	1	Q_n	$\overline{Q_n}$	ラッチ

【6】 解答図5.3に示すように，1個目のクロックパルスCKの立上りですべてのFFの出力Q_C〜Q_Aは"1"となり，以後CK入力の立上りがあるたびに1ずつ減算する。

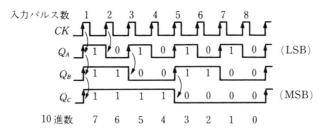

解答図5.3 ダウンカウンタのタイムチャート

【7】 (1) 解答図 5.4(a)　　(2) 解答図 5.4(b)

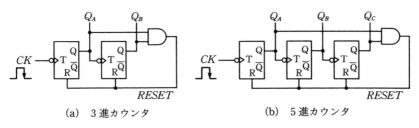

(a) 3進カウンタ　　　　　　(b) 5進カウンタ

解答図 5.4　リプル 3 進カウンタと 5 進カウンタ

【8】 74390 の半分ずつを 10 進カウンタと 2 進カウンタにして**解答図 5.5** のように直列に接続する。しかし，前段と後段を逆にすると，デューティ比は 50% にならず，20% になる。

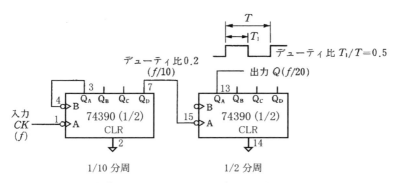

解答図 5.5　74390 による 1/20 周波数分周器

【9】 LED のセグメントの点灯数が増えると，各セグメントを流れる電流は分岐されて減少するため，表示する数字によって輝度が変わる。

【10】 解答図 5.6（クロックに周期してパルスのアップエッジを検出する図 5.10 を参照）。

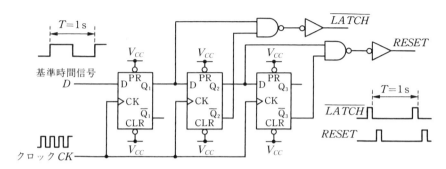

解答図 5.6 カウンタ用ラッチとリセット信号の発生回路

【11】 解答図 5.7

解答図 5.7 3 ビット組合せ回路

6 章

【1】 (a) 6.2.1 項参照　(b) 6.2.2 項参照　(c) 6.2.3 項参照
【2】 2K バイト。11 本。
【3】 6.3.1 項参照
【4】 6.3.2 項と 6.3.3 項参照
【5】 $100\,1010_B = 4A_H$ より，表 6.2 から英文字の "J" を表す。

7 章

【1】 機械的接点は ON-OFF 時にバウンドして不規則なパルスを生じる。このチャタリングによる誤動作を防止することが必要である。チャタリング防止にはハードウェアとソフトウェアによる方法がある（7.2.2 項参照）。
【2】 $0101\,0101_B = 55_H$，$1010\,1010_B = AA_H$
【3】 $5 \times 256/2^{10} = 5 \times 256/1\,024 = 5/4 = 1.250$ V
【4】 $5/2^{12} = 1.221 \times 10^{-3}$ V $= 1.221$ mV
【5】 振動が小さく，駆動トルクが大きいことからよく使われる。
【6】 ステップの周期 $T = 10$ ms より，1 秒当たりのステップ数は $1/T = 1/0.01 = 100$ である。モータの 1 回転は $360/1.8 = 200$ ステップであることから，モータの回転速度は毎秒当たり $100/200 = 0.5$ 回転で，毎分では $0.5 \times 60 = 30$ rpm となる。

【7】 $A4_H = 10 \times 16 + 4 = 164$ より,デューティ比は $164/256 = 0.641$ となる。
【8】 電気的な絶縁のため。
【9】 7.5.2項の[3]参照

8 章
【1】 (a) 8.2.1項参照 (b) 8.2.4項参照
【2】 解答図8.1において,式(8.5)から $v_0 = -v_1$ となる。

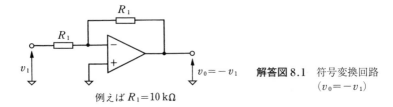

解答図8.1 符号変換回路 ($v_0 = -v_1$)

例えば $R_1 = 10\,\mathrm{k\Omega}$

【3】 式(8.9)より
$$A_v = \frac{R_1 + R_f}{R_1} = \frac{10 + 100}{10} = 11, \quad G_v = 20.8\,\mathrm{dB}$$

【4】 式(8.18)より
$$v_0 = -\left(\frac{R_f}{R_1}v_1 + \frac{R_f}{R_2}v_2 + \frac{R_f}{R_3}v_3\right)$$
$$= -10(v_1 + v_2 + v_3) = -10(0.3 + 0.4 - 0.2) = -5\,\mathrm{V}$$

【5】 式(8.18)より
$$v_0 = -\left(\frac{R_f}{R_1}v_1 + \frac{R_f}{R_2}v_2 + \frac{R_f}{R_3}v_3\right)$$
$$= -(v_1 + 2v_2 + 4v_3)$$
抵抗の選択はバイナリコードの重み付け ($2^0, 2^1, 2^2$) のため。

【6】 解答図8.2において抵抗 R_f は式(8.20)より
$$R_f = -\frac{v_0}{i} = -\frac{-10\,\mathrm{V}}{10\,\mathrm{mA}} = 1\,\mathrm{k\Omega}$$

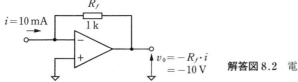

解答図8.2 電流-電圧変換回路

索引

【あ】

アウトプットイネーブル 145
アクチュエータ 152
アクティブ 46
アクティブロウ 46
アスキーコード 150
アップエッジトリガ 94
アップカウンタ 108
アドレス 141, 145
アドレス空間 146
アドレスデコーダ 147
アドレスバス 141
アナログ回路 178
アナログスイッチ 130
アナログマルチプレクサ 132
アノード 17
アノードコモン形 114
アルミ電界コンデンデンサ 11

【い】

位相 2
1K バイト 144
1K ビット 144
一時記憶 98
1 相励磁方式 164
1-2 相励磁方式 164
一致回路 52
1 点アース 57
1 点グランド 57
イニシャライズ 113
イニシャルリセットパルス 113
イマジナルショート 182
インダクタ 14

インタクダンス 14
インタフェース 75, 152
インバータ 44

【え】

エッジトリガ動作 94
エミッタ 22
エミッタ接地 28
エンコーダ 124
エンコード 124
演算増幅器 178
エンハンスメント形 32

【お】

オフセット調整 187
オフセット電圧 187
オープンコレクタ・ドレイン出力 78
オープンドレイン出力 79, 156
オペアンプ 178
オームの法則 1
重み 36
オン抵抗 131

【か】

カウンタ 104
加算回路 190
カスケード接続 112
仮想接地 182
カソード 17
カソードコモン形 114
可変抵抗器 5
カラーコード 3
慣用方式 46

【き】

基数 36

逆起電力 15, 80, 159
極性 11
許容差 3
金属皮膜抵抗器 3

【く】

クリア入力 92
クリップ 20
クロックインヒビット 103

【け】

ゲイン 185
ゲート 31
ゲート回路 44
ゲート電圧 31

【こ】

コイル 14
合成抵抗 6
合成容量 8
高速 CMOS 55, 68
光電変換 173
降伏電圧 20
固定抵抗器 3
コード化 124
コレクタ 22
コレクタ・エミッタ飽和電圧 26
コレクタ電流 28
コレクタ飽和電流 26
コンデンサ 8
コントロールバス 141
コンパレータ 188

【さ】

最下位ビット 37
最上位ビット 37
最大定格 27, 62

索引

再トリガ機能		135
雑音余裕度		63
差動増幅回路		185

【し】

しきい値電圧		18
実効値		10
時定数		13
シフトレジスタ		99, 101
時分割		84, 120
遮断状態		25
遮断領域		26
集合抵抗		5
集積回路		54
周波数カウンタ		120
16進数		38
10進カウンタ		109
10進数		36
シュミット回路		86
シュミットトリガ		84
順方向電圧		17
順方向電流		17
シリアル転送		149
シリアル入出力		148
シンク電流		64
真理値表		43

【す】

吸込み電流		64
スイッチング作用		29
スイッチング素子		29
スキャン発振回路		121
スタティックRAM		144
スタティックドライブ		118
スチロールコンデンサ		11
ステッピングモータ		163
ステップモータ		163
スリーステート出力		82
3ステートバッファ		82
スレッショルド電圧		17, 61

【せ】

正逆転PWM制御		170
静電防止		70
静電容量		8
静特性		25
整流回路		18
整流作用		17
整流ブリッジ		19
正論理		43, 46
絶縁		173
接合型FET		31
接地		56
セット入力		89
セラミックコンデンサ		11
線形		178
全二重モード		149
全波整流		19

【そ】

増幅作用		28
双方向		142
ソース		31
ソース電流		64

【た】

耐圧		11
ダイオード		16
ダイナミックRAM		144
ダイナミックドライブ		120
タイムチャート		44
ダウンエッジトリガ		94
ダウンカウンタ		108
立上り		13
立下り		13
ダーリントン接続		29
ダーリントントランジスタアレイ		158
単安定マルチバイブレータ		134
炭素被膜抵抗器		3
タンタル		11
ダンピング抵抗		34
単方向バス		141

【ち】

チップセレクト		145
チャタリング		91
チャタリング防止		91, 162
チャネル		30
直列-並列変換		101
直列入力・並列出力		102

【つ】

ツイストペア線		174
ツェナー降伏		20
ツェナーダイオード		19
ツェナー電圧		20

【て】

ディケードカウンタ		109
抵抗		1
抵抗器		1
抵抗ネットワーク		5
ディジタルIC		54
定電圧ダイオード		19
定電圧電源		56
デコーダ		115, 127
デコード		127
デシベル		185
データセレクタ		129
データバス		141
デプリーション形		32
デマルチプレクサ		129
デューティサイクル		134
デューティ比		134
電圧増幅度		184
電圧ホロア		187
電圧利得		185
電荷		8
電界効果トランジスタ		30
電界コンデンサ		11
電気的特性		61
電流制限抵抗		21, 67
電流増幅率		28
電流-電圧変換		190

【と】

等価回路		181
同期カウンタ		107
同期式フリップフロップ		95
動作点		22
同相		2
トーテムポール形出力		64
ド・モルガンの定理		49
トライステート出力		82
ドライバ		66, 79
トランジスタ		22

【な】

内蔵プルアップ抵抗	156
7セグメントLED表示器	114
74 AC シリーズ	68
74 HC シリーズ	55, 68
74 シリーズ	55, 58

【に】

2進化10進数	40
2進数	36
2相励磁方式	164
入出力ポート	141, 147
入力インピーダンス	180

【の】

ノイズマージン	63
能動	46
能動領域	27

【は】

バイアス	28
ハイインピーダンス	82
排他的論理和	51
バイト	39, 144
バイナリカウンタ	104
バイパスコンデンサ	14, 57
バイポーラ・トランジスタ	22
吐出し電流	64
波形整形回路	84
ハザード	107
バス	141
バスバッファ	84
バスライン	84, 141
発光ダイオード	20
8進カウンタ	105
バッファ	45, 66, 187
ハーフステップ	164
パラレル入出力	148
パルスエッジの検出	95
パルス幅変調	160
パルスモータ	163
パワートランジスタ	24
半固定抵抗器	6
番地	141
反転増幅回路	181
反転入力	179
半導体	16
半導体スイッチ	130
半二重モード	149
汎用ロジックIC	68

【ひ】

非安定マルチバイブレータ	133
比較器	188
ヒステリシス	85
ビット	37
ビット数	144
否定	43
非同期カウンタ	106
非能動	46
非反転増幅回路	184
非反転入力	179
ピン	59
ピンコンパチブル	68

【ふ】

ファミリ	61
ファンアウト	65, 77
ファンイン	65
フィードバック抵抗	181
フィルムコンデンサ	11
負荷線	21, 26
負帰還	181
符号化	123
プライオリティ	125
ブラックボックス	129
プリセット入力	92
ブリッジ接続	18
フリップフロップ	89
プルアップ	72, 79
プルアップ抵抗	73, 76
プルアップレベル変換	79
ブール代数	43
プルダウン	74
プルダウン抵抗	74
負論理	43, 46
分圧	7
分周器	112

【へ, ほ】

ベース	22
ベース・エミッタ飽和電圧	26
ベース電流	28
飽和状態	26
飽和領域	26
ポテンショメータ	6
ホトインタラプタ	174
ホトカプラ	173
ポート操作	155
ホトダーリントントランジスタ	175
ホトトランジスタ	173
ポートレジスタ	156
ボルテージホロア	187
ボーレート	150

【ま】

マイクロコンピュータ	140, 152
マイクロプロセッサ	142
マイコン	140, 152
マイラコンデンサ	11
マスクROM	143
マルチエミッタトランジスタ	60
マルチバイブレータ	133
マルチプレクサ	121, 129

【め】

メモリ	141
メモリ空間	146
メモリのアドレス空間	146
メモリマップ	146

【ゆ, よ】

誘導リアクタンス	16
容量リアクタンス	10
4000 B/4500 B シリーズ	55, 68

（トリガ信号 134、トリマ 6、ドレイン 31、ドレイン電流 31）

【ら】

ラッチ	99
ラッチ IC	100

【り】

リセット入力	89
利得	185
リニア IC	178
リプルカウンタ	106
リフレッシュ	144

【れ】

レジスタ	99
レベル動作	94
レベル変換	79

【ろ】

ロジック回路	42
ロータリエンコーダ	176
ロードファクタ	65
ローパスフィルタ	14
論理回路	42
論理式	43
論理積	43
論理表	43
論理レベル	42
論理和	43

【わ】

ワイヤード OR	80
ワイヤード接続	80
ワンショットマルチバイブレータ	134

【アルファベット】

A-D コンバータ	159
A-D 変換	159
AND	43
Arduino	153
ASCII	150
ATmega 328P	154
BCD エンコーダ	124
BCD カウンタ	110
BCD コード	40, 110
CMOS	54, 67
CMOS レベル	71
CPU	141
CTR	173
D-A コンバータ	160
D-A 変換	160
DC モータ	168
DIP 形	5, 59
DIP スイッチ	81
D フリップフロップ (D-FF)	92
D ラッチ	99
E24 系列	4
EEP-ROM	144
EP-ROM	143
ExNOR ゲート	52
ExOR ゲート	51
FET	30
GND	55
HC シリーズ	59
H ブリッジ回路	170
H レベル	42
IC	54
I/O 空間	147
I/O ポート	141, 147
I/O ポートのアドレス空間	147
I/O マップト I/O	148
JIS コード	150
JK フロップフロップ (JK-FF)	96
LED	20, 173
LED 桁ドライバ	122
LSB	37
LSI	129
LS-TTL	59
LS シリーズ	59
L レベル	42
MIL 記号	45
MIL 方式	46
MOS	30
MOS FET	32
MSB	37
MSI	129
NAND	47
NAND ゲート	50
nMOS	32
NOR	47
NOT	43
npn 形トランジスタ	22
n チャネル形	30
OP アンプ	178
OR	43
pMOS	32
pnp 形トランジスタ	22
PWM 方式	160
p チャネル形	30
RAM	144
RC 積分回路	13
ROM	143
ROM ライタ	144
RS-232C	149
RS フリップフロップ	89
SIP 形	5
SSI	129
TTL コンパチブル	63
TTL レベル	61
T フリップフロップ (T-FF)	98
USART	149
UVEP-ROM	143

―― 著者略歴 ――

- 1970年 名古屋大学工学部機械工学科卒業
- 1972年 名古屋大学大学院修士課程修了（機械工学専攻）
- 1972年〜78年 トヨタ自動車株式会社勤務
- 1978年 名古屋大学助手
- 1984年 工学博士（名古屋大学）
- 1987年 名古屋大学講師
- 1988年 大同工業大学（現 大同大学）助教授
- 1993年 大同工業大学（現 大同大学）教授
  （1996年〜1997年 米国マサチューセッツ工科大学(MIT)客員教授）
- 2013年 大同大学名誉教授
- 2013年 公益財団法人名古屋産業科学研究所上席研究員
  現在に至る
  （2013年〜2015年 大同大学特任教授）

新版 メカトロニクスのための電子回路基礎
Fundamentals of Electronic Circuits for Mechatronics (New Edition)

© Kenji Nishibori 1993, 2016

1993年7月20日	初版第1刷発行
2015年3月15日	初版第24刷発行
2016年5月6日	新版第1刷発行
2023年1月10日	新版第8刷発行

検印省略

著　者　西　堀　賢　司
発行者　株式会社　コロナ社
　　　　代表者　牛来真也
印刷所　新日本印刷株式会社
製本所　牧製本印刷株式会社

112-0011　東京都文京区千石 4-46-10
発行所　株式会社　コロナ社
CORONA PUBLISHING CO., LTD.
Tokyo Japan

振替 00140-8-14844・電話 (03)3941-3131(代)
ホームページ　https://www.coronasha.co.jp

ISBN 978-4-339-04408-9　C3353　Printed in Japan　　（森岡）

JCOPY <出版者著作権管理機構 委託出版物>

本書の無断複製は著作権法上での例外を除き禁じられています。複製される場合は、そのつど事前に、出版者著作権管理機構（電話 03-5244-5088, FAX 03-5244-5089, e-mail: info@jcopy.or.jp）の許諾を得てください。

本書のコピー、スキャン、デジタル化等の無断複製・転載は著作権法上での例外を除き禁じられています。購入者以外の第三者による本書の電子データ化及び電子書籍化は、いかなる場合も認めていません。
落丁・乱丁はお取替えいたします。

ロボティクスシリーズ

（各巻A5判，欠番は品切です）

- ■編集委員長　有本　卓
- ■幹　　　事　川村貞夫
- ■編集委員　石井　明・手嶋教之・渡部　透

配本順				頁	本体
1. (5回)	ロボティクス概論	有本	卓編著	176	2300円
2. (13回)	電気電子回路 ―アナログ・ディジタル回路―	杉田 山中 小西	進彦克聡 共著	192	2400円
3. (17回)	メカトロニクス計測の基礎（改訂版）―新SI対応―	石井 木股 金子	明雅章透 共著	160	2200円
4. (6回)	信号処理論	牧川	方昭著	142	1900円
5. (11回)	応用センサ工学	川村	貞夫編著	150	2000円
6. (4回)	知能科学 ―ロボットの"知"と"巧みさ"―	有本	卓著	200	2500円
7. (18回)	モデリングと制御	平井 坪内 秋下	慎孝貞一司夫 共著	214	2900円
8. (14回)	ロボット機構学	永井 土橋	清宏規 共著	140	1900円
9.	ロボット制御システム	野田	哲男編著		
10. (15回)	ロボットと解析力学	有本 田原	卓健二 共著	204	2700円
11. (1回)	オートメーション工学	渡部	透著	184	2300円
12. (9回)	基礎　福祉工学	手嶋 米本 相川 相良 糟谷	教之清佐貞訓朗紀 共著	176	2300円
13. (3回)	制御用アクチュエータの基礎	川野 野方 田所 早川 松浦	誠論弘裕夫貞恭 共著	144	1900円
15. (7回)	マシンビジョン	石井 斉藤	明文彦 共著	160	2000円
16. (10回)	感覚生理工学	飯田	健夫著	158	2400円
17. (8回)	運動のバイオメカニクス ―運動メカニズムのハードウェアとソフトウェア―	牧川 吉田	方正昭樹 共著	206	2700円
18. (16回)	身体運動とロボティクス	川村	貞夫編著	144	2200円

定価は本体価格+税です。
定価は変更されることがありますのでご了承下さい。

図書目録進呈◆

機械系教科書シリーズ

(各巻A5判，欠番は品切です)

- ■編集委員長　木本恭司
- ■幹　　　事　平井三友
- ■編集委員　　青木　繁・阪部俊也・丸茂榮佑

	配本順	書名	著者	頁	本体
1.	(12回)	機械工学概論	木本恭司 編著	236	2800円
2.	(1回)	機械系の電気工学	深野あづさ 著	188	2400円
3.	(20回)	機械工作法(増補)	平井三友・和田任弘・塚本晃久 共著	208	2500円
4.	(3回)	機械設計法	朝比奈奎一・宮口克一・黒田孝春・山川誠・荒井正浩・吉伴斎己 共著	264	3400円
5.	(4回)	システム工学	古川正志・川村秀憲・横山孝典・岩館健司 共著	216	2700円
6.	(5回)	材料学	久保井徳洋・樫原恵蔵 共著	218	2600円
7.	(6回)	問題解決のための Cプログラミング	佐藤次男・中村理一郎 共著	218	2600円
8.	(32回)	計測工学(改訂版) ―新SI対応―	前田良昭・木村一郎・押田至啓 共著	220	2700円
9.	(8回)	機械系の工業英語	牧野州秀・水野雅之 共著	210	2500円
10.	(10回)	機械系の電子回路	髙橋晴俊・阪部俊也 共著	184	2300円
11.	(9回)	工業熱力学	丸茂榮佑・木本恭司 共著	254	3000円
12.	(11回)	数値計算法	藪忠司・伊藤民司 共著	170	2200円
13.	(13回)	熱エネルギー・環境保全の工学	井田民男・木本恭司・山崎友紀 共著	240	2900円
15.	(15回)	流体の力学	坂本光雅・坂本雅彦 共著	208	2500円
16.	(16回)	精密加工学	田口紘一・明石剛二 共著	200	2400円
17.	(30回)	工業力学(改訂版)	吉村英孝・米内山誠 共著	240	2800円
18.	(31回)	機械力学(増補)	青木繁 著	204	2400円
19.	(29回)	材料力学(改訂版)	中島正貴 著	216	2700円
20.	(21回)	熱機関工学	越智敏明・老固潔・吉本隆光 共著	206	2600円
21.	(22回)	自動制御	阪部俊也・飯田賢一 共著	176	2300円
22.	(23回)	ロボット工学	早川恭弘・奈良松範・廣明洋一 共著	208	2600円
23.	(24回)	機構学	重松大・松尾・髙田洋敏 共著	202	2600円
24.	(25回)	流体機械工学	小池勝 著	172	2300円
25.	(26回)	伝熱工学	丸茂榮佑・矢尾匡永・牧野州秀 共著	232	3000円
26.	(27回)	材料強度学	境田彰芳 編著	200	2600円
27.	(28回)	生産工学 ―ものづくりマネジメント工学―	本位田光重・皆川健多郎 共著	176	2300円
28.	(33回)	CAD／CAM	望月達也 著	224	2900円

定価は本体価格+税です。
定価は変更されることがありますのでご了承下さい。

図書目録進呈◆

機械系 大学講義シリーズ

(各巻A5判,欠番は品切または未発行です)

■編集委員長 藤井澄二
■編集委員 臼井英治・大路清嗣・大橋秀雄・岡村弘之
　　　　　黒崎晏夫・下郷太郎・田島清瀬・得丸英勝

配本順			頁	本体
1.(21回)	材料力学	西谷弘信著	190	2300円
3.(3回)	弾性学	阿部・関根共著	174	2300円
5.(27回)	材料強度	大路・中井共著	222	2800円
6.(6回)	機械材料学	須藤一著	198	2500円
9.(17回)	コンピュータ機械工学	矢川・金山共著	170	2000円
10.(5回)	機械力学	三輪・坂田共著	210	2300円
11.(24回)	振動学	下郷・田島共著	204	2500円
12.(26回)	改訂 機構学	安田仁彦著	244	2800円
13.(18回)	流体力学の基礎(1)	中林・伊藤・鬼頭共著	186	2200円
14.(19回)	流体力学の基礎(2)	中林・伊藤・鬼頭共著	196	2300円
15.(16回)	流体機械の基礎	井上・鎌田共著	232	2500円
17.(13回)	工業熱力学(1)	伊藤・山下共著	240	2700円
18.(20回)	工業熱力学(2)	伊藤猛宏著	302	3300円
21.(14回)	蒸気原動機	谷口・工藤共著	228	2700円
23.(23回)	改訂 内燃機関	廣安・實諸・大山共著	240	3000円
24.(11回)	溶融加工学	大・中・荒木共著	268	3000円
25.(29回)	新版 工作機械工学	伊東・森脇共著	254	2900円
27.(4回)	機械加工学	中島・鳴瀧共著	242	2800円
28.(12回)	生産工学	岩田・中沢共著	210	2500円
29.(10回)	制御工学	須田信英著	268	2800円
30.	計測工学	山本・宮城・臼田・高辻・榊原共著		
31.(22回)	システム工学	足立・酒井・髙橋・飯國共著	224	2700円

定価は本体価格+税です。
定価は変更されることがありますのでご了承下さい。

図書目録進呈◆

メカトロニクス教科書シリーズ

(各巻A5判，欠番は品切です)

■編集委員長　安田仁彦
■編集委員　末松良一・妹尾允史・高木章二
　　　　　　藤本英雄・武藤高義

配本順			頁	本体
1.(18回)	新版 メカトロニクスのための 電子回路基礎	西堀賢司著	220	3000円
2.(3回)	メカトロニクスのための 制御工学	高木章二著	252	3000円
3.(13回)	アクチュエータの駆動と制御（増補）	武藤高義著	200	2400円
4.(2回)	センシング工学	新美智秀著	180	2200円
6.(5回)	コンピュータ統合生産システム	藤本英雄著	228	2800円
7.(16回)	材料デバイス工学	妹尾允史・伊藤智徳共著	196	2800円
8.(6回)	ロボット工学	遠山茂樹著	168	2400円
9.(17回)	画像処理工学（改訂版）	末松良一・山田宏尚共著	238	3000円
10.(9回)	超精密加工学	丸井悦男著	230	3000円
11.(8回)	計測と信号処理	鳥居孝夫著	186	2300円
13.(14回)	光工学	羽根一博著	218	2900円
14.(10回)	動的システム論	鈴木正之他著	208	2700円
15.(15回)	メカトロニクスのためのトライボロジー入門	田中勝之・川久保洋二共著	240	3000円

定価は本体価格+税です。
定価は変更されることがありますのでご了承下さい。

図書目録進呈◆